DeepSeek
零基础入门
（视频教学版）

殷娅玲　黄燕平　周鑫森　编著

中国水利水电出版社
www.waterpub.com.cn
·北京·

内 容 提 要

在人工智能快速普及的时代，掌握 AI 技术已成为提高工作效率、提升生活品质的关键因素之一。《DeepSeek 零基础入门（视频教学版）》就是一本专为初学者编写的 DeepSeek 入门指南，旨在帮助读者快速掌握 AI 技术的核心应用，享受智能时代的便利。

本书共 10 章。第 1~2 章介绍了 DeepSeek 的登录方式、提示词的撰写技巧和优化方法，帮助读者更高效地与 DeepSeek 交互。第 3~10 章详细介绍了 DeepSeek 在生活、创作、学习、娱乐、社交、旅行、健康和安全八大生活场景中的 88 个实用案例，帮助读者全方面了解 DeepSeek 的实际应用，解决健康管理、日常出行、学习提升、社交互动等多方面的问题。

本书内容丰富，实用性强，适合所有对 AI 感兴趣的读者学习。另外，想提高工作效率、提升创作能力的职场人员、自媒体从业者，以及想提高解决问题能力的社会大众等，本书都适合你参考学习。

图书在版编目（CIP）数据

DeepSeek 零基础入门 : 视频教学版 / 殷娅玲，黄燕平，周鑫森编著 . -- 北京 : 中国水利水电出版社，2025. 3. -- ISBN 978-7-5226-3322-0

Ⅰ . TP18

中国国家版本馆 CIP 数据核字第 2025ZX5600 号

书　　名	DeepSeek 零基础入门（视频教学版） DeepSeek LING JICHU RUMEN（SHIPIN JIAOXUE BAN）
作　　者	殷娅玲 黄燕平 周鑫森　编著
出版发行	中国水利水电出版社 （北京市海淀区玉渊潭南路 1 号 D 座 100038） 网址：www.waterpub.com.cn E-mail：zhiboshangshu@163.com 电话：（010）62572966-2205/2266/2201（营销中心）
经　　售	北京科水图书销售有限公司 电话：（010）68545874、63202643 全国各地新华书店和相关出版物销售网点
排　　版	北京智博尚书文化传媒有限公司
印　　刷	北京富博印刷有限公司
规　　格	145mm×210mm　32 开本　6.5 印张　220 千字
版　　次	2025 年 3 月第 1 版　2025 年 3 月第 1 次印刷
印　　数	00001-10000 册
定　　价	59.80 元

前言 PREFACE

在 AI（Artificial Intelligence，人工智能）技术飞速发展的今天，数字鸿沟已成为社会面临的重要问题。许多用户在面对新技术时感到困惑，难以享受到智能化生活带来的便利。本书正是为帮助这类用户更好地融入数字时代而编写，致力于弥合技术代沟，让科技真正服务于每一个人。

本书旨在为零基础用户提供一本实用的 DeepSeek 入门指南，帮助读者快速上手，享受智能化生活带来的便利。全书共分 10 章，内容涵盖基础操作、提示词技巧和 88 个实用案例，结合生活场景，让用户在实践中学习、在学习中提升。

本书结构清晰：第 1 章着重介绍 DeepSeek 的基础操作和功能场景，帮助读者初步认识 AI 助手的作用；第 2 章聚焦于提示词撰写技巧，助力读者与 DeepSeek 高效互动，提升使用体验；第 3~10 章，深入探讨了 DeepSeek 在生活、创作、学习、娱乐、社交、旅行、健康和安全八大生活场景中的具体应用，并以案例为导向，确保读者能够将所学知识运用到实际生活中。各章节内容均衡，既全面又深入，充分满足了读者的学习需求。

本书具有以下几个特点：

实用性强

本书内容紧密贴合用户需求，通过真实案例解决实际问题。无论是基础操作还是 DeepSeek 在生活场景中的应用，都提供了清晰的步骤和详细的指导。书中案例覆盖了健康管理、生活技巧、学习提升等多方面，帮助用户快速找到解决方案并学以致用。这种实用导向的内容设计，确保用户在阅读过程中即学即用，真正感受到 DeepSeek 带来的便利。

案例丰富

本书精选 88 个实用案例，涵盖生活、健康、学习、娱乐等多样化场景。从日常生活的菜谱查询、家电维修，到健康管理中的体检指南、运动建议，再到学习新技能的书法入门、语言学习，书中内容丰富多样，满足不同用户的需求。这些贴近生活的案例可以帮助用户快速掌握 DeepSeek 的应用方法，真正实现“一书在手，生活无忧”。

➦ 贴心设计

本书语言风格亲切自然，避免晦涩术语，用通俗易懂的文字讲解操作方法和应用场景。这种贴心的设计降低了学习门槛，提升了阅读舒适度，让每一位用户都能轻松上手。

最后，衷心希望本书能够成为读者融入智能化生活的贴心指南，助力大家跨越数字鸿沟，开启 DeepSeek 智能生活的新篇章。无论是在日常生活中的点滴应用，还是对未来科技发展的探索，本书都会帮助读者在智能化时代中更加自信地立足和发展。

在本书的编写过程中，得到了许多人的帮助与支持。在此，向参与项目的殷娅玲女士、余安女士、周鑫森先生、王兰女士、熊庆女士等致以诚挚的谢意。同时，也要向出版社的编辑团队致以谢意，是他们的专业与努力让本书得以与读者见面。我们期待收到读者的反馈与建议，以便在未来能够更好地满足大家的需求，持续优化内容和服务。

➦ 资源下载方式

为方便读者学习，本书提供了 88 集配套视频资源，以及海量的附加资源，感兴趣的读者可扫描下面的“人人都是程序猿”公众号二维码，关注后输入 3322 至公众号后台，即可获取资源下载链接。将该链接复制到浏览器地址栏中，根据提示下载即可。

另外，读者也可扫描“视频资源”二维码，在线观看教学视频。

人人都是程序猿　　　　视频资源

如果你对本书有任何意见或建议，请直接联系 2096558364@QQ.com 邮箱！

让我们携手开启智能化生活的旅程，共同探索这个充满无限可能的未来世界！

特别说明：DeepSeek 生成的内容存在语向不通顺、错用标点符号、错用别字等非导向性问题，为保留生成内容的原貌，本书对该生成内容不作仍改，望读者悉知。

编者

2025 年 2 月

目录

CONTENTS

第1章 DeepSeek入门指南 ······ 001

1.1 DeepSeek的下载与登录 ······ 001

1.1.1 手机端下载与登录 ······ 001

1.1.2 电脑端访问与登录 ······ 003

1.2 DeepSeek主界面功能介绍 ······ 005

1.2.1 手机端界面功能介绍 ······ 005

1.2.2 电脑端界面功能介绍 ······ 007

1.3 如何输入问题并获取答案 ······ 008

第2章 提示词撰写技巧 ······ 010

2.1 什么是提示词 ······ 010

2.2 提示词写作的基本原则 ······ 010

2.3 提示词写作技巧 ······ 011

2.4 提示词撰写示例 ······ 013

2.5 提示词优化技巧 ······ 015

第3章 生活助手 ······ 017

3.1 菜谱查询：如何做红烧鱼 ······ 017

3.2 家电维修：冰箱不制冷怎么办 ······ 019

3.3 清洁技巧：如何快速清洁厨房油污 ………………… 020
3.4 衣物保养：羊毛衫的正确洗涤方法 ………………… 022
3.5 家庭收纳：如何高效整理衣柜 ………………… 025
3.6 节约用电：如何降低家庭用电 ………………… 026
3.7 天气助手：快速掌握天气动态 ………………… 029
3.8 宠物护理：如何照顾宠物猫/狗 ………………… 030
3.9 节日准备：年夜饭的准备技巧 ………………… 033
3.10 家庭安全：如何检查家中煤气泄漏 ………………… 035
3.11 购物建议：如何挑选更适合自己的衣服 ………………… 037
3.12 法律咨询：房屋买卖合同需要注意哪些法律条款 ………………… 040
3.13 投资理财：如何选择合适的理财产品 ………………… 042

第 4 章 创作助手 ………………… 045

4.1 诗歌创作：如何撰写抒情诗歌 ………………… 045
4.2 散文写作：如何完成一篇优美的散文 ………………… 047
4.3 小说创作：如何构思引人入胜的故事情节 ………………… 049
4.4 儿童故事创作：编写适合儿童阅读的故事 ………………… 051
4.5 公众号文章创作：如何快速完成一篇公众号文章 ………………… 053
4.6 朋友圈文案：如何完成社交媒体文案 ………………… 056
4.7 食谱创作：如何快速编写食谱 ………………… 057
4.8 个人回忆录：如何快速撰写个人回忆录 ………………… 061
4.9 旅行游记：如何快速撰写一篇旅行游记 ………………… 062
4.10 旅行相册：如何制作旅行照片相册 ………………… 064
4.11 图片风格转换：实景图转漫画风 ………………… 067
4.12 主题绘画：如何创作一张朋友圈配图 ………………… 068
4.13 节日祝福：如何制作电子贺卡 ………………… 071
4.14 歌曲创作：如何创作一首原创歌曲 ………………… 074
4.15 短视频制作：如何制作日常生活短视频 ………………… 077
4.16 创意形象：如何构建原创Q版人物 ………………… 081

第 5 章　学习助手 …… 084

5.1　书法入门：书法入门技巧 …… 084
5.2　园艺技巧：如何种植多肉植物 …… 087
5.3　音乐学习：电子琴入门基础 …… 089
5.4　历史知识：了解明朝的历史故事 …… 092
5.5　手工制作：如何编织围巾 …… 094
5.6　阅读推荐：适合兴趣阅读的书籍 …… 096
5.7　语言学习：零基础学习一门新的语言 …… 098
5.8　摄影技巧：如何使用手机拍摄美丽风景 …… 102
5.9　烹饪进阶：如何制作精致的甜点 …… 105
5.10　茶文化体验：如何泡一壶好茶 …… 106
5.11　瑜伽入门：基础瑜伽动作的练习方法 …… 109
5.12　兴趣社群：如何加入书法爱好者团体 …… 111

第 6 章　娱乐助手 …… 114

6.1　新闻搜索：定制个性化新闻日报 …… 114
6.2　影视推荐：查询最新的喜剧电影 …… 116
6.3　广场舞学习：学习广场舞基本动作 …… 117
6.4　棋牌游戏：如何下象棋 …… 119
6.5　电子书阅读：如何使用手机阅读电子书 …… 120
6.6　手工DIY：如何制作手工相框 …… 122
6.7　宠物互动：如何训练小狗 …… 123
6.8　园艺乐趣：如何打造阳台小花园 …… 123
6.9　节日活动：春节合家欢游戏推荐 …… 125

第 7 章　社交助手 …… 127

7.1　跨龄社交攻略：如何与晚辈拉近距离 …… 127
7.2　朋友圈分享：如何发布朋友圈 …… 130

7.3 老年大学：如何报名老年大学课程 …… 131
7.4 邻里互动：如何组织社区活动 …… 134
7.5 网络礼仪：如何在微信群礼貌发言 …… 137
7.6 正能量互动：创作并分享正能量问候语 …… 140
7.7 幽默互动：创作并分享幽默段子 …… 141

第8章 旅行助手 …… 144

8.1 旅游景点推荐：查询适宜出行的国内旅游景点 …… 144
8.2 旅行攻略：制定北京三日游攻略 …… 145
8.3 交通查询：从家到车站的路线 …… 146
8.4 酒店预订：如何用手机在线预订酒店 …… 148
8.5 出行准备：整理旅行必备物品清单 …… 149
8.6 智能导游：如何利用智能导游获取景点信息 …… 151
8.7 国际旅行：办理签证的基本流程 …… 152
8.8 随行翻译：解决旅行中的语言交流障碍 …… 154
8.9 景点门票：如何在线购买景点门票 …… 157
8.10 拍照姿势：不同景别的拍摄技巧和姿势建议 …… 159
8.11 旅行安全：旅行中如何保护人身财产安全 …… 161

第9章 健康助手 …… 163

9.1 查询健康问题：高血压的日常注意事项 …… 163
9.2 视力保护：长时间使用电子产品的护眼方法 …… 165
9.3 健康食谱：适合糖尿病患者的食谱 …… 166
9.4 食品安全：如何辨别和避免食物中毒 …… 169
9.5 药物安全：药物如何正确存放 …… 170
9.6 运动建议：缓解肩颈疼痛的运动方式 …… 172
9.7 体检指南：每年需要做哪些体检项目 …… 173
9.8 分析体检报告：快速读懂体检报告 …… 175
9.9 急救知识：学习心肺复苏的正确操作步骤 …… 177

9.10 医院挂号：如何在线预约挂号 ······ 178
9.11 医生推荐：附近擅长治疗关节炎的医生 ······ 179
9.12 家庭沟通：如何与亲人更好地沟通 ······ 180
9.13 睡眠改善：如何改善睡眠质量 ······ 183

第 10 章 安全助手 ······ 185

10.1 网络诈骗识别：识别常见网络骗局 ······ 185
10.2 电话防骗：诈骗电话识别与处理 ······ 187
10.3 紧急求助：如何使用手机紧急呼叫功能 ······ 189
10.4 网络隐私安全：如何防止个人信息泄露 ······ 190
10.5 银行卡安全：如何保护银行卡信息 ······ 192
10.6 交通安全：日常生活出行注意事项 ······ 193
10.7 火灾应对：家庭火灾逃生技巧 ······ 195

4:58
deepseek各版本区别
deepseek
DeepSeek-R1 已发布并开源，性能对标 OpenAI o1
APP 和 API 全面上线，点击查看详
搜索
API 开放平台 ↗
听
English
deepseek
探索未至之境
开始对话
免费与 DeepSeek-V3 对话
使用全新旗舰模型
获取手机 App
DeepSeek 官方推出的免费 AI 助手
搜索写作阅读解题翻译工具

第 1 章　DeepSeek入门指南

DeepSeek 是由深度求索公司开发的一款基于先进 AI 技术的智能助手，具备强大的自然语言处理与生成能力。无论是在日常生活、学习，还是工作中，DeepSeek 都能通过智能化交互，帮助用户快速获取所需信息并解决问题。

作为一款专业的智能工具，DeepSeek 致力于为用户提供便捷、可靠的知识服务，成为用户的得力助手，它能够陪伴你聊天，并帮助你解决生活中的各种难题，就像拥有了一个 24 小时在线的智能管家和图书馆员，既能帮你记事情，又能随时解答各种问题；它不会累，也不会感到厌烦，你问得越多，它就越懂你。

1.1　DeepSeek 的下载与登录

用户可通过手机端和电脑端两种方式使用 DeepSeek，使用之前需要先下载与登录 / 注册 DeepSeek。

1.1.1　手机端下载与登录

现在手机上网很方便，以下将介绍在手机端下载与登录 DeepSeek 的方法，具体步骤如下。

1. 打开手机应用商店

Android 用户可在各大应用商城（如华为应用市场、小米应用商店等）中查找；iPhone 用户可在 App Store 中查找。

2. 搜索并下载 DeepSeek

以华为应用市场为例，在搜索框中输入 DeepSeek，找到带有蓝色鲸鱼标志的应用程序（请务必认准蓝鲸图标，避免下载错误），如图 1.1 所示。随后点击“安装”按钮，等待应用程序自动安装完成。完成安装后，点击“打开”按钮即可进入应用，如图 1.2 所示。

图 1.1

图 1.2

3. 登录账号

第一次进入 DeepSeek 应用程序，会直接弹出登录界面。此界面包括“验证码登录”“密码登录”和“使用微信登录”3 种登录方式，但是界面中提示用户所在地区仅支持手机号 / 微信登录，即“验证码登录”和“使用微信登录”。

• **验证码登录**。输入手机号，点击“发送验证码”按钮，在左侧的文本框中输入验证码，并勾选“已阅读并同意用户协议与隐私政策，未注册的手机号将自动注册”复选框，点击“登录”按钮即可登录账号并完成注册，如图 1.3 所示。

• **微信登录**。点击登录界面底部的“使用微信登录”按钮，随后点击“允许”按钮，进入“绑定手机号”界面，根据要求进行绑定即可，如图 1.4 和图 1.5 所示。后续就可以通过微信直接登录了。

• **密码登录**。在“密码登录”界面点击“忘记密码”，如图 1.6 所示。进入“重置统一登录密码”界面，根据界面要求进行相关操作即可，如图 1.7 和图 1.8 所示，完成后就可以直接通过密码进行登录了（注意：密码最好设置为方便好记的“大小写字母 + 数字 + 符号”的组合）。

如果已使用手机号登录过 DeepSeek，但后续不想每次都通过手机验证码登录，可以设置为使用密码登录。

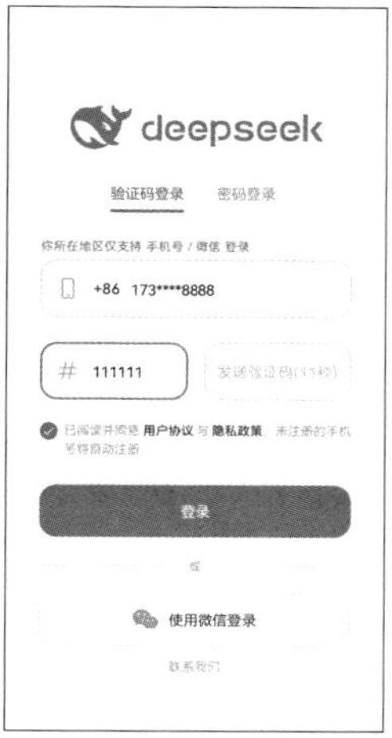

图 1.3

图 1.4

图 1.5

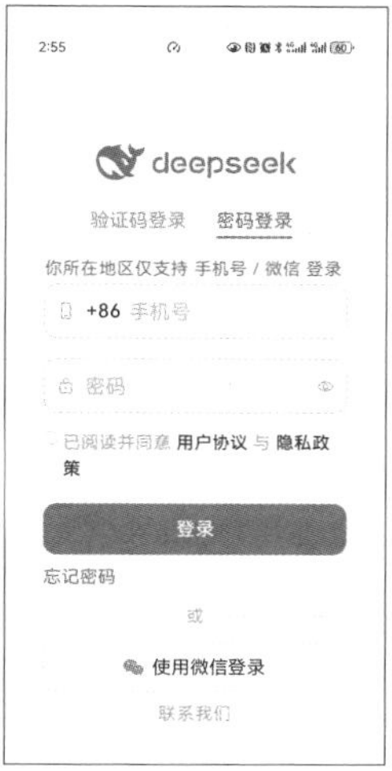

图 1.6

图 1.7

图 1.8

1.1.2　电脑端访问与登录

以下将介绍在电脑端访问与登录 DeepSeek 的方法，具体步骤如下。

1. 访问 DeepSeek 官网

打开常用的浏览器，在地址栏中输入 DeepSeek 官网地址，按 Enter 键进入 DeepSeek 官网首页，如图 1.9 所示。随后单击“开始对话”即可进入

登录 / 注册界面。

图 1.9

2. 登录账号

在电脑端登录 DeepSeek 的方法与在手机端类似，界面只存在细微差别。

• **验证码登录**。同手机端操作相同，输入手机号并获取验证码即可登录 DeepSeek（未注册的手机号登录后将自动注册）。这也是较为方便快捷的登录 / 注册方式。

• **密码登录**。如果不想通过手机验证码登录，可在电脑端切换至“密码登录”界面进行注册。单击“立即注册”,进入注册界面,输入手机号和密码(需输入两次)，随后将获取的手机验证码填入，根据需要选择“用途”下的复选框（可多选），再选中“我已阅读并同意用户协议与隐私政策”单选按钮，最后单击“注册”按钮即可完成账号创建，如图 1.10 所示。

• **微信扫码登录**。单击“使用微信扫码登录”按钮，使用手机扫描弹出的二维码，即可快速注册与登录，如图 1.11 所示。

图 1.10

图 1.11

1.2 DeepSeek 主界面功能介绍

登录账号后，将进入 DeepSeek 的主界面。手机端和电脑端的功能是一样的，但在界面显示上略有差异，此处同样分为两种情况讲解。

1.2.1 手机端界面功能介绍

DeepSeek 的主界面简洁直观，主要功能一目了然。手机端主界面如图 1.12 所示。

图 1.12

1. 历史记录

点击左上角的 = 图标，可以查看之前的对话记录。界面中会按时间顺序显示用户之前提出的所有问题及其答案，点击即可查看。

2. 开始新对话

点击右上角的 ⊕ 图标，可以终止当前话题，开启一个全新的对话主题。

3. 模式选择

• **深度思考（R1）模式：**点击即可开启此模式，适用于需要深度推理和分析的问题。DeepSeek 会像人类一样，给出思考过程，并最终给出思考的结果。

• **联网搜索模式：**点击即可开启此模式，DeepSeek 将利用互联网资源，为你提供更全面、更准确的答案。

• **基础模式（V3）：**既不开启深度思考，也不开启联网搜索，与 DeepSeek 可以直接对话。此模式是适用于日常聊天和简单问题的通用模型。

4. 上传附件

点击右下角的＋图标，可以上传文件、拍照识文字或图片识文字，如图 1.13 所示。上传成功后，可以基于附件内容进行提问或数据处理。

5. 账户中心

点击历史记录下方的账户头像，即可进入账户中心。在此界面中可以对系统颜色、语言等进行个性化设置，还可以在该界面进行退出登录、删除所有历史对话和删除账户等操作，如图 1.14 所示。

图 1.13

图 1.14

读书笔记

1.2.2 电脑端界面功能介绍

电脑端界面与手机端界面仅存在细微区别，如上传文件的图标在电脑端显示为一个回形针，其余功能无差异，此处不再赘述。电脑端主界面如图 1.15 所示。

图 1.15

1.3 如何输入问题并获取答案

经过注册、登录，并且了解了基本界面功能后，接下来就可以正式开始向 DeepSeek 提问了。提问的一般步骤如下。

1. 选择模式

根据问题的类型选择 DeepSeek 的模式。例如，如果要问逻辑性比较强的问题，则可开启“深度思考（R1）”模式；如果要询问最新热点新闻，则可以开启“联网搜索”模式；如果只是日常对话，则使用默认的基础模式即可。

2. 在搜索框中输入提示词

点击搜索框，输入你想问的问题。如“有没有什么好听的经典抒情老歌可以推荐？”

3. 按下 Enter 键或点击“搜索”按钮

输入完成后：如果使用电脑端，则按下 Enter 键或单击右侧的箭头按钮，如图 1.16 所示；如果使用手机端，则直接点击右侧的箭头按钮，如图 1.17 所示。

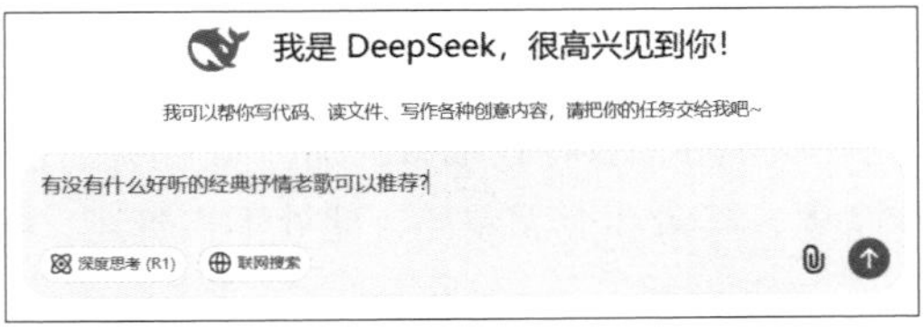

图 1.16

图 1.17

4. 阅读答案

DeepSeek 会在问答区域显示答案。如果答案较长，你可以滚动界面查看完整内容。

例如，提问“如何预防感冒？”

DeepSeek 可能会分点罗列答案：保持充足的睡眠、勤洗手、多吃富含维生素 C 的食物等。

5. 追问或调整问题

如果对 DeepSeek 给出的答案不满意，你可以调整问题并重新搜索。例如，将“如何预防感冒？”改为“秋冬季节儿童如何预防感冒？”这样或许结果会更符合需求。

6. 重新生成

如果对提示词没有调整或修改，也可直接点击上一轮答案左下角的“重新生成”按钮，让 DeepSeek 重新回答一次，如图 1.18 所示。

图 1.18

读书笔记

第 2 章　提示词撰写技巧

在人工智能日益普及的今天，提示词是与 AI 高效沟通的关键。掌握提示词的撰写技巧，能够帮助用户更精准地表达需求，从而获得更准确、更有价值的回答。对于广大用户来说，学习提示词撰写不仅可以提升使用 AI 工具的体验，还能解决日常生活中的实际问题。良好的提示词能够避免模糊表达和无效沟通，节省时间，提高效率。因此，学习提示词撰写技巧是充分利用 AI 技术、享受智能生活的重要一步。

2.1　什么是提示词

提示词（Prompt）是用户与人工智能进行交互时输入的指令或问题，用于引导 AI 生成所需的回答或内容。在使用 DeepSeek 等 AI 工具时，提示词起到了沟通桥梁的作用，帮助 AI 理解用户的需求，从而生成相应的回答。

简单来说，提示词就像是你与他人交流时的“开场白”，它决定了 AI 回答的方向和内容。通过清晰、具体的提示词，用户可以更有效地引导 AI 生成符合预期的回答。

例如，当你想询问明天北京的天气怎么样，“明天北京的天气怎么样？”就是提示词。通过这个提示词，DeepSeek 能够明白你想要了解的是明天北京的天气情况，进而提供相关的回答。因此，撰写清晰、准确的提示词对于有效使用 DeepSeek 至关重要。

2.2　提示词写作的基本原则

撰写提示词需要遵循一定的原则，以确保 DeepSeek 能够准确理解并生成满意的回答。以下是撰写提示词时应该遵循的几种基础原则。

1. 简洁明了

提示词应该尽量简洁，避免冗长和复杂的句子。直接表达你的需求，去除多余的修饰词和重复的内容。例如：

DeepSeek：

×：我想知道明天北京的天气情况，包括气温、风力、湿度等，因为我明天要去公园散步，想知道需不需要带伞。

√：明天北京的天气怎么样？

2. 具体明确

明确的目标和具体的要求能让 DeepSeek 更精准地回答问题。尽量避免模糊地表达，而是直接指出你想要的内容。例如：

DeepSeek：

×：这部电影怎么样？

√：请告诉我《肖申克的救赎》的影评。

如果问题较为复杂，可以通过添加背景信息或限定条件来帮助 DeepSeek 更好地理解你的需求。例如：

DeepSeek：

×：帮我找一个旅游的地方。

√：请推荐一个适合冬季旅游的地方，最好气候温暖、交通方便。

3. 逻辑清晰

提示词的语句应该符合正常的逻辑顺序，避免语句混乱或跳跃。如果需要表达多个问题或任务，可以分步骤提出，避免一次性提出过多要求。例如：

DeepSeek：

×：请详细解释高血压的成因、症状、预防和治疗方法。

√：第一步："什么是高血压？"

第二步："高血压有哪些常见症状？"

第三步："如何预防高血压？"

2.3 提示词写作技巧

在撰写提示词时，掌握正确的写作技巧是确保 DeepSeek 准确理解用户需求的关键。以下是几种实用的提示词写作技巧，可以帮助用户更好地与DeepSeek沟通。

1. 5W1H法则

5W1H法则是一种全面且系统的信息表达方法，通过回答6个基本问题（Who、What、When、Where、Why、How），能够使提示词更加清晰、全面。

▶ **Who（谁）：说明使用者身份。**

在提示词中明确说明使用者的基本信息，包括年龄、兴趣爱好等。

例如：我今年46岁，平时喜欢书法和园艺。

▶ **What（什么）：明确具体问题。**

清晰地表达你想要解决的问题或获取的信息，避免模糊不清的描述。

例如：我想了解适合初学者的书法教程。

▶ **When（时间）：说明时间特征。**

如果问题与时间相关，明确指出具体的时间范围或时间节点。

例如：这个周末我想在家练习书法。

▶ **Where（地点）：说明场景需求。**

指明问题发生的场景或你希望获取信息的场景。

例如：我想在家里练习书法，需要一些适合在家里使用的学习资料。

▶ **Why（原因）：说明背景原因。**

简要说明你提出问题的背景或原因。

例如：因为我最近开始学习书法，想提升自己的书写技巧。

▶ **How（方式）：说明具体要求。**

明确你希望以何种方式获得帮助或信息，如文字、图片、视频等。

例如：希望得到一些图文并茂的书法教程。

2. 结构化表达

结构化表达是一种逻辑清晰、层次分明的写作方法，能够帮助用户更好地理解5W1H法则，并在此基础上更高效地组织语言。

组合成一段完整的提示词：我最近开始学习书法，想提升自己的书写技巧。我想了解一些适合初学者的书法教程。希望教程适合在家里自学，最好有详细的步骤说明。

用户可以根据这样的结构进行仿写与尝试，建立自己撰写提示词的“语感”。

问题描述	具体需求	特殊要求
先说明基本情况	再说需要什么帮助	最后补充注意事项
在提示词的开头，简要介绍与问题相关的基本背景或现状，为后续的需求说明奠定基础。	在基本情况之后，明确表达你希望获得的具体帮助或信息，这是提示词的核心部分。	如果你有额外的要求或需要注意的事项，可以在最后补充说明。
示例：我最近开始学习书法，想提升自己的书写技巧。	示例：我想了解一些适合初学者的书法教程。	示例：希望教程适合在家里自学，最好有详细的步骤说明。

2.4 提示词撰写示例

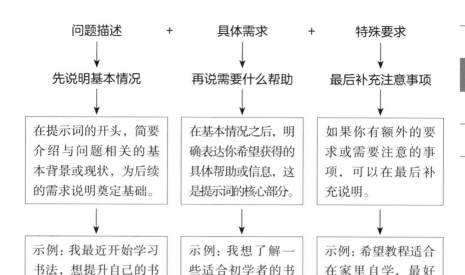

了解了提示词撰写的基本原则，以及掌握了撰写提示词的技巧和结构之后，接下来就可以开始实践所学的知识，尝试在不同的场景中运用这些技巧，通过对比练习让自己更加熟悉它们。

1. 日常生活类提示词

示例 1：**查询天气**

×：**天气怎么样？**

√：**北京明天下午的天气如何？**

示例 2：**菜谱查询**

×：**怎么做饭？**

√：**适合糖尿病患者的低糖食谱有哪些？**

2. 健康医疗类提示词

示例 1：**疾病查询**

×：**我头疼怎么办？**

√：**我 50 岁，经常头疼的可能原因是什么？如何缓解？**

示例 2：药物查询

×：阿司匹林怎么吃？

√：阿司匹林每天服用多少毫克？需要注意什么？

3. 学习兴趣类提示词

示例 1：学习新技能

×：怎么学书法？

√：初学者如何练习毛笔字？需要准备哪些工具？

示例 2：兴趣探索

×：养花难吗？

√：适合室内养的花有哪些？如何浇水？

4. 旅行出行类提示词

示例 1：旅行规划

×：去哪玩？

√：适合老年人的国内旅游景点有哪些？需要注意什么？

示例 2：交通查询

×：怎么去火车站？

√：从我家到北京西站最快的公交路线是什么？

5. 社交沟通类提示词

示例 1：社交工具使用

×：怎么使用微信？

√：如何在微信上发送语音消息？如何添加好友？

示例 2：情感建议

×：怎么和家人沟通？

√：如何与子女更好地沟通？有哪些技巧？

6. 安全防骗类提示词

示例 1：网络诈骗识别

×：怎么防骗？

√：常见的网络诈骗手段有哪些？如何避免？

示例 2：隐私保护

×：怎么保护隐私？

√：如何设置强密码？如何避免个人信息泄露？

7. 娱乐休闲类提示词

示例 1：**影视推荐**

×：**有什么好看的？**

√：**适合老年人看的经典电影有哪些？**

示例 2：**游戏学习**

×：**怎么下象棋？**

√：**象棋的基本规则是什么？如何提高棋艺？**

8. 实用工具类提示词

示例 1：**天气查询**

×：**天气如何？**

√：**上海未来 3 天的天气情况是什么？**

示例 2：**单位换算**

×：**怎么换算？**

√：**1 公斤等于多少斤？如何快速换算？**

2.5 提示词优化技巧

在掌握提示词撰写的基本规则之后，还可以运用一些优化技巧，进一步提升提示词的质量和效果。

1. 使用标点符号分段

正确使用标点符号（如句号、逗号等）可以清晰地分隔不同的信息点，使提示词更易于理解。如使用句号分隔不同的句子、使用逗号分隔句子中的并列成分等。

例如：我今年 46 岁，平时喜欢书法和园艺。我想了解一些适合初学者的书法教程。

2. 重要信息前置

将最关键的需求或信息放在提示词的前面，这样可以帮助 DeepSeek 更快地抓住核心需求。

例如：请写一篇关于云南旅行的文章，重点描述大理、丽江、香格里拉的风景，以及当地的美食和文化体验，字数在 800 字左右。

3. 控制字数

提示词应尽量简洁明了，避免冗长。建议将字数控制在 50~100 字之间，既能表达清楚需求，又不会过于复杂。

4. 使用关键词

在提示词中加入与目标内容相关的关键词，使 AI 更容易理解你的需求。

例如：请推荐一些适合初学者学习人工智能的书籍、网站或课程，内容要通俗易懂。

5. 分步引导

将复杂任务分解成多个步骤，逐步引导 AI 生成最终结果，使自己想要得到的信息更加清晰、有条理。

例如：我需要你帮我写一份语言入门学习计划，请分为 3 个阶段回答。

6. 增加细节要求

为了让回答更贴心，可以在提问时增加一些细节要求，使 DeepSeek 的回答更贴合你的需求。

如果 DeepSeek 的回答太专业或生硬，你可以说“用生活中的例子来说明”，它就会用比较常见的事物来举例，帮助你更好地理解。

如果希望 DeepSeek 回答的语气更加温暖，你可以说“用友好的语气给我建议”，它会改变语气，增加“人情味儿”，用亲切的话语为你提供建议。

第3章 生活助手

在日常生活中，往往会遇到各种小问题。从烹饪美食到家电维修，从衣物保养到节约用电，这些看似琐碎的事务构成了生活的重要组成部分。DeepSeek堪称生活中的得力助手，无论是查询红烧鱼的菜谱，解决冰箱不制冷的问题，还是学习高效整理衣柜，它都能提供实用的建议和解决方案。此外，在法律咨询与投资理财方面，DeepSeek也可以成为你的参谋，帮助你轻松应对生活大小事，从而提升生活品质！

3.1 菜谱查询：如何做红烧鱼

以往，人们往往会为做一道菜绞尽脑汁，从食材搭配到烹饪步骤都要反复琢磨。现在，借助DeepSeek，这一切变得轻松许多。DeepSeek能够深入理解各种菜品的特色、食材的搭配原则及烹饪技巧，并根据用户的需求制定出富有创意的菜谱。你只需简单设定口味偏好、食材限制或特殊饮食需求，DeepSeek便能迅速生成符合期望的佳肴方案！

提示词：**我想为家人做一道红烧鱼，能给我一份详细的红烧鱼菜谱吗？包括推荐的鱼种及理由、具体食材用量、鱼和调料的处理步骤、烹饪步骤（火候、时间、调料添加顺序），以及一些小技巧。**

DeepSeek：

新手友好版红烧鱼菜谱

一、适合的鱼种及理由

1. 推荐鱼种

鲫鱼、鲤鱼、草鱼。

2. 推荐理由

肉质细嫩，适合红烧。

刺相对较少，便于食用。

价格适中，容易购买。

二、食材准备（2~3 人份）

食材	用量	食材	用量
鲫鱼	1 条（约 500 g）	老抽	1 汤匙
食用油	适量	料酒	2 汤匙
生姜	20g	白糖	1 茶匙
大葱	1 根	盐	适量
大蒜	5 瓣	清水	300 mL
生抽	2 汤匙		

三、处理步骤

1. 鱼的处理

去鳞、去鳃、去内脏，清洗干净。

在鱼身两侧各划 3~4 道斜刀，便于入味。

用厨房纸吸干表面水分。

2. 调料准备

生姜切片，大葱切段，大蒜拍碎。

将生抽、老抽、料酒、白糖调成酱汁备用。

四、烹饪步骤

1. 煎鱼（关键步骤）

热锅冷油，放入姜片爆香。

将鱼轻轻放入锅中，中火，两面煎至金黄（每面约 3 分钟）。

注意：不要频繁翻动，待一面煎好后再翻面。

2. 调味

加入葱段、蒜瓣爆香。

倒入调好的酱汁，晃动锅使鱼均匀裹上酱汁。

3. 炖煮

加入清水，水量刚好没过鱼身。

大火烧开后转小火，盖上锅盖焖煮 15 分钟。

4. 收汁

打开锅盖，转中火收汁。

期间用勺子将汤汁淋在鱼身上。

待汤汁浓稠即可关火（约 5 分钟）。

五、烹饪小技巧

1. 去腥秘诀

煎鱼前用姜片擦拭锅底。加入料酒时沿锅边淋入，激发香气。

2. 保持鱼形完整

煎鱼时等一面定型后再翻面。炖煮时不要频繁翻动鱼身。

3. 调味技巧

收汁前尝一下咸淡，适量加盐。喜欢酸甜口味的可以加少许醋。

3.2 家电维修：冰箱不制冷怎么办

如果家中的冰箱突然停止制冷，不仅会影响食物的新鲜度，还可能会导致电费增加。面对这样的情况，你可能不知道如何解决问题。幸运的是，通过一些基本的检查步骤和简单的维护措施，就可以迅速恢复冰箱的正常工作状态，避免不必要的专业维修费用。DeepSeek 将为你提供详细的指导，帮助你了解冰箱不制冷的常见原因以及相应的解决方案，让你的家电管理更加得心应手。

提示词：**冰箱突然不制冷了，可能是什么原因呢？有没有什么简单的维修办法？**

DeepSeek：

冰箱突然不制冷可能有多种原因，以下是一些常见的可能性：

一、原因

1. 电源问题

电源插头松动或脱落，或者家中停电、电路跳闸。

2. 温控器设置问题

温控器被误调至关闭或高温状态。

3. 冷凝器堵塞

冷凝器积尘过多，影响散热。

4. 蒸发器风扇故障

风扇被卡住或损坏，导致冷气无法循环。

5. 压缩机故障

压缩机不工作，可能是内部故障或启动器损坏。

6. 制冷剂泄漏

制冷剂泄漏导致制冷效果下降。

7. 门封条老化或损坏

门封条不严，导致冷气外泄。

8. 内部结冰过多

蒸发器结冰过多，阻碍冷气循环。

二、简单的维修办法

1. 检查电源和温控器

确保电源插头插紧，检查家中电路是否正常。

确认温控器设置在适当温度（通常为 2~5℃）。

2. 清理冷凝器

使用吸尘器或软毛刷清理冷凝器上的灰尘和杂物，确保散热良好。

3. 检查门封条

用湿布清洁门封条，检查是否破损或变形。如果密封不严，可以尝试用吹风机加热门封条使其恢复形状，必要时更换。

4. 断电除冰

如果怀疑是内部结冰过多，可以断电一段时间，打开冰箱门让冰自然融化。

5. 检查风扇

如果冰箱有蒸发器风扇，检查风扇是否被卡住或损坏。

3.3 清洁技巧：如何快速清洁厨房油污

厨房是每日烹饪美食的地方，但同时也是最容易积累油污的空间。每次烹饪过后，墙壁、炉灶以及抽油烟机上都会留下难以清理的油渍，不仅影响美观，还可能滋生细菌。DeepSeek 可以为你提供一些实用的清洁建议，包括选择合适的清洁剂、采用正确的清洁方法，以及日常维护的小窍门，帮助你高效去除油污，保持厨房的清洁与卫生。

提示词：**试过很多办法，厨房油污还是弄不干净，有没有快速又有效的清洁小妙招呢？另外，帮我推荐一些去除油污的清洁剂，并详细讲讲这些清洁剂该如何搭配使用。**

DeepSeek：

厨房油污确实令人头疼，但用对方法和清洁剂可以事半功倍！以下是针对不同油污程度的解决方案和清洁剂搭配技巧，附带详细操作步骤：

一、快速清洁小妙招（按油污严重程度分级处理）

轻度油污（日常表面油渍）

1. 蒸汽软化法

烧一壶开水，倒入盆中，加入 2 勺白醋，将抹布浸湿后拧至半干，趁热覆盖在油污处 5 分钟，油渍会自行溶解。

适用：灶台边缘、瓷砖墙面。

2. 面粉吸油法

将干面粉撒在油污处，静置 10 分钟后用布干擦，面粉能吸附油脂，最后用湿布擦净。

适用：光滑台面、不锈钢表面。

中度油污（长期积累的黏腻油垢）

1. 小苏打 + 洗洁精

将小苏打和洗洁精按 3:1 混合成糊状，厚敷在油污上，盖上保鲜膜静置 20 分钟，用硬毛刷刷洗。

适用：油烟机滤网、灶具缝隙。

2. 微波炉加热法

碗中加 1 杯水和 2 勺柠檬汁，微波炉高火加热 5 分钟，蒸汽会软化内壁油污，直接擦净。

适用：微波炉、烤箱内部。

重度油污（焦化硬质油垢）

1. 热敷 + 刮除法

用热毛巾敷油垢 10 分钟，撒食盐增加摩擦力，用旧银行卡或塑料刮板斜 45° 刮除。

适用：燃气灶头、锅底焦痕。

2. 碱水煮洗法

拆下油烟机滤网，水烧开后加 5 勺食用碱，煮 15 分钟，油污自动脱落。

适用：可拆卸金属部件。

二、高效清洁剂推荐及搭配技巧

1. 市售清洁剂（按成分分类）

类型	代表产品	适用场景	注意事项
强效碱性	大公鸡头、威猛先生	油烟机内部、顽固焦黑油垢	戴手套，避免接触金属表面
生物酶分解	花王泡沫喷雾	日常墙面、灶台快速清洁	静置 5 分钟再擦，无须冲洗
弱酸性	柠檬酸清洁剂	水龙头水垢 + 油污混合污渍	不可用于大理石台面

2. 自制清洁剂配方

万能去污膏：小苏打粉 + 氧净（1∶1）加水调成糊状，可保存一周，用于擦洗烤箱、锅具。

杀菌去油喷剂：75% 酒精（100mL）+5 滴洗洁精 +1 勺柠檬汁，摇匀后喷擦台面，去油同时消毒。

3. 清洁剂搭配使用原则

先溶解再分解：先用碱性清洁剂软化油污，再用生物酶喷雾分解残留。

例如：油烟机先喷大公鸡头静置 10 分钟，擦洗后再用花王喷雾除味。

酸碱交替禁忌：避免酸性（柠檬酸）和碱性（氧净）产品混用，中和失效。

材质适配：不锈钢可用中性清洁剂，瓷砖可用碱性，人造石台面选生物酶类。

三、预防油污积累

1. **炒菜后 3 分钟法则：**趁余温用厨房湿巾快速擦拭灶台。

2. **防油涂层：**每月用汽车镀膜剂轻喷瓷砖，形成疏水层。

3. **滤网保护：**给油烟机滤网贴上保鲜膜，每周更换一次。

3.4 衣物保养：羊毛衫的正确洗涤方法

羊毛衫柔软舒适，是很多人衣橱里的常备衣物。但羊毛材质比较娇贵，如果洗涤不当很容易变形、缩水或褪色。正确的洗涤方法不仅能延长羊毛衫的使用寿命，还能保持其原有的光泽和质感。DeepSeek 可以为你提供专业的洗涤指导，帮助你轻松掌握羊毛衫的正确洗涤方法，维护衣物的最佳状态，让每一次穿着都如同初次般舒适与温暖。

提示词：**朋友送了我一件羊毛衫，我很喜欢，但不知道该怎么洗才不会洗坏，能给我讲讲羊毛衫正确的洗涤方法和注意事项吗？**

DeepSeek：

（深度思考）好的，我现在需要帮用户解决关于羊毛衫清洗的问题。用户的朋友送了他一件羊毛衫，他很喜欢，但是不知道如何正确清洗，否则可能会把羊毛衫洗坏。首先，我要了解用户的需求：他们需要知道羊毛衫正确的洗涤方法和注意事项。

考虑到这是一个日常问题，可能需要详细的步骤和小贴士，以便用户安全地清洗衣物。用户很可能是普通消费者，缺乏专业知识，所以解释时应该使用简单易懂的语言，避免专业术语过多，并给出具体的方法和安全提示。

首先，我想到应该分解整理清洗羊毛衫的步骤：洗涤前准备、洗涤过程中注意的问题，以及干燥方式的选择等。

然后，在洗涤前的准备部分，需要提到准备肥皂，选择合适的洗涤温度，避免碱性洗涤剂对羊毛的伤害。这些都是基础步骤，有助于保护衣物不受损坏。

接下来，洗涤过程包括洗净水控制、手部清洁和避免过度揉搓等要点。这部分需要强调轻柔的洗涤方式，并指导用户如何正确使用泡沫来减少衣物损伤。

在选择干燥方式时，要说明不同类型的羊毛衫适合的干燥环境，避免潮湿或高温，以防起球或变形。这些建议能帮助用户在日常生活中更好地维护衣物，延长使用寿命。

最后，提醒用户平时注意穿着和保养，避免锐器划伤、湿打火点等问题，这些都是容易导致衣物损坏的小细节。总结下来，回答需要结构清晰、步骤明确，并且结合实用的小贴士，让用户能够安全、有效地清洗羊毛衫，保护这件宝贝长期如新。

当然可以！羊毛衫是秋冬季节非常受欢迎的衣物，但由于其材质特殊，清洗时需要注意方法和技巧。以下是正确洗涤羊毛衫的方法和一些注意事项：

清洗步骤

1. 准备

准备干净、中性的肥皂（避免含有磷和其他强碱性成分）。

如果可能，选择40~60℃的温水或自然流水进行清洗。

2. 洗涤前

选择“手洗”模式。如果是免洗型羊毛衫，可以参考标签上的洗涤说明。如果没有标记，可以参考以下方法：将羊毛衫放置在通风良好的地方晾干后再洗涤。

3. 洗涤

将衣物泡软：用双手轻轻揉搓，使纤维柔软，并且不卷曲。注意不要将手直接放在衣服上。

洗涤剂的使用：将少量泡沫均匀涂抹在整个衣物表面，不需要用量太多（避免过度浸泡或漂白）。

轻柔洗涤：将衣物放入洗碗篮（或类似容器）中，轻轻放入水中，水位控制在容器的2/3处。注意不要用盆装，这样容易搅乱衣物。

手部清洁：洗完后，手要彻底干燥，特别是在冬季，避免用湿手直接触摸衣物。

4. 漂洗

漂洗的水应当是冷水中性、不含化学剂（如果有的话就要在太阳下暴晒）。

如果有漂白需求，可以选择在洗涤后直接洗涤和漂洗。

5. 干燥

如果选择干洗：将衣物折叠好，放置在干衣机中清洗。不要使用高温功能（否则会影响纤维）。

自然风干：如果必须放风干燥，可以先用滚筒自然风干，再放入阴凉处备用。

注意事项

避免高温直接烘烤：羊毛衫适合在冷水中洗涤和自然风干。

不要将衣物用毛巾等重物包裹后放在熨衣板上，以免过度挤压或卷曲。

洗涤时避免揉搓时间过长，否则会损伤纤维。

谨慎使用漂白剂：只有在必要时使用，且洗涤后必须晾干，不能长时间暴晒，或存放在阴凉处。

3.5 家庭收纳：如何高效整理衣柜

衣柜里的衣物堆积如山，找件衣服常常要翻半天，这不仅浪费时间，还容易让衣服皱巴巴的。整理衣柜不仅能节省找衣服的时间，还能让你更清楚地了解自己的衣物，避免重复购买。此外，一个整洁的衣柜还能延长衣物的使用寿命，减少褶皱和损坏。DeepSeek 可以为你提供一些实用的整理技巧，帮助你高效整理衣柜，让衣物井然有序，轻松找到自己想要的衣服。

提示词：**衣柜里衣服越堆越多，找件衣服特别费劲，有没有什么方法能帮我快速整理衣柜，让衣服好找又好放？**

DeepSeek：

整理衣柜其实没那么难，只要掌握一些小技巧，就能让它变得井井有条。我帮你整理了几个实用的方法，咱们一起来看看：

1. 分类整理

按季节分类：把当季的衣服放在最方便拿取的地方，过季的衣服可以收起来，比如放进收纳箱或者衣柜的顶层。

按类型分类：把上衣、裤子、裙子、外套等分开存放，这样找起来会更方便。

按颜色分类：如果你对颜色比较敏感，可以按颜色排列衣服，这样不仅好看，找衣服时也能更快定位。

2. 使用收纳工具

衣架：用统一的衣架挂衣服，既整齐又节省空间。厚外套和易皱的衣服最好挂起来。

收纳盒或抽屉分隔器：小件衣物（如袜子、内衣等）可以用收纳盒或抽屉分隔器整理，避免它们乱成一团。

真空压缩袋：过季的厚衣服可以用真空压缩袋收纳，节省空间。

3. 合理利用空间

垂直空间：衣柜的上层可以放不常用的物品，比如过季衣物、被子等。下层可以放当季衣物，方便拿取。

挂钩和挂袋：在衣柜门内侧或侧面安装挂钩或挂袋，用来放围巾、腰带、帽子等小配件。

4. 定期清理

断舍离：定期检查衣柜，把不再穿的衣服清理出来，可以捐赠或回收。这样衣柜不会太满，找衣服也更轻松。

保持习惯：每次洗完衣服后，及时整理归位，避免衣服堆积。

5. 标签标识

如果你用了收纳盒或箱子，可以在外面贴上标签，标明里面放了什么，这样找东西时一目了然。

6. 折叠技巧

竖立折叠法：把衣服竖着折叠放进抽屉，这样每件衣服都能一眼看到，不用翻来翻去。

卷起来：对于T恤、牛仔裤等不易皱的衣服，可以卷起来存放，既节省空间又方便拿取。

7. 保持整洁

每次拿衣服时，尽量保持其他衣服的整齐，避免弄乱。养成随手整理的好习惯，衣柜就不会再乱糟糟啦！

8. 利用衣柜门

衣柜门内侧可以安装挂钩或挂架，用来挂腰带、领带、围巾等小物件，充分利用空间。

9. 定期调整

每隔一段时间，可以根据季节或穿衣习惯调整衣柜的布局，确保常用衣物始终在最方便拿取的位置。

3.6 节约用电：如何降低家庭用电

看着家里每个月的电费账单，总是让人有点心疼。其实，通过一些简单易行的方法，就能在不影响日常生活舒适度的情况下有效减少用电量。DeepSeek将为你提供一系列实用的家庭节电技巧，帮助你发现那些隐藏在日常生活中的节能机会，轻松实现节能减排的目标。

提示词：**我发现最近家里的电费比以前高了不少，想知道家里哪些电器或日常行为最耗电，你能帮我梳理一下吗？**

DeepSeek：

当然可以！以下是一些常见的耗电大户和日常行为，看看你家有没有：

1. 空调

空调是家里的耗电大户，尤其是夏天和冬天，长时间开着空调会让电费飙升。

2. 热水器

热水器如果一直开着，会反复加热水，耗电量很大。

3. 冰箱

冰箱是常年开着的电器，如果门封不严或者里面东西太多，耗电量会增加。

4. 洗衣机

洗衣机在加热水和长时间运行时耗电较多。

5. 电视和电脑

虽然单次使用耗电不多，但如果长时间待机，累积起来也不少。

6. 照明

老式白炽灯耗电量大，而且如果家里灯多，长时间开着也会增加电费。

7. 微波炉和电饭煲

这些厨房电器功率较大，频繁使用会增加电费。

8. 电暖器和电风扇

电暖器功率大，长时间使用耗电多；电风扇虽然功率小，但长时间开着也会累积耗电。

9. 日常行为

长时间开灯： 白天光线充足时还开着灯，或者晚上睡觉时忘记关灯。

频繁开关冰箱门： 每次开门都会让冷气流失，冰箱需要更多电力来降温。

提示词：**我知道有些电器和行为会浪费电，有没有一些既不影响生活质量，又能有效降低用电量的小妙招呢？**

DeepSeek：

当然有啦！省电并不意味着要牺牲生活质量，以下是一些实用的省电小技巧：

1. 空调省电小妙招

合理设置温度： 夏天把空调调到26℃左右，冬天调到20℃左右，既舒适又省电。

使用睡眠模式：晚上睡觉时开启睡眠模式，空调会自动调节温度，可以节省电能。

定期清洗滤网：干净的滤网能让空调运行更高效，减少耗电。

2. 热水器省电小妙招

设定定时加热：根据家人的用水习惯，设定热水器在特定时间段加热。

调低温度：热水器的温度设置在50℃左右就足够用了，过高的温度会增加耗电。

3. 冰箱省电小妙招

合理摆放食物：冰箱里的食物不要塞得太满，保持空气流通，冷气循环更高效。

减少开门次数：每次开门都会让冷气流失，尽量减少开门次数和时间。

4. 洗衣机省电小妙招

选择冷水洗涤：大多数衣物用冷水洗涤就能洗干净，省去加热水的耗电。

攒够一桶再洗：衣服攒够一桶（适当）再洗，避免频繁使用洗衣机。

5. 电视和电脑省电小妙招

关闭待机模式：不用的时候彻底关掉电源，避免待机耗电。

调低亮度：适当调低屏幕亮度，既能保护眼睛，又能省电。

6. 厨房电器省电小妙招

微波炉加热：加热食物时使用微波炉比使用烤箱更省电。

电饭煲保温：饭煮好后及时拔掉电源，避免长时间保温。

7. 电暖器和电风扇省电小妙招

局部取暖：使用电暖器时，可以只加热常用的房间，避免全屋加热。

定时关闭：电风扇可以设定定时关闭，避免整夜开着。

8. 利用峰谷电价

在电价低的时段使用电器：利用电价低的时段使用大功率电器，如晚上洗衣服、洗碗。

9. 定期维护电器

清洁电器：定期清洁电器的滤网、散热孔等，保持电器高效运行。

检查线路：定期检查家里的电路，避免漏电或短路导致的电能浪费。

3.7 天气助手：快速掌握天气动态

无论是出门买菜、晨练，还是安排日常活动，及时了解天气变化对于合理安排行程至关重要。天气的细微变化可能影响出行计划，甚至关系到健康和安全。其实，掌握天气动态并不难。开启 DeepSeek 的联网搜索模式，你就能快速获取准确的天气信息，知晓未来几天的天气趋势，提前做好出行准备。

提示词：**今天下午重庆的天气怎么样？我要出去买菜，应该注意些什么呢？**

DeepSeek：

根据最新的天气预报，今天是 2025 年 2 月 20 日，重庆的天气情况如下：

一、天气概况

天气状况： 今天重庆大部地区以阴天为主，部分地区有间断小雨或零星小雨，中心城区为间断小雨转阴天间多云。

气温： 气温在 3 ~ 15℃，中心城区气温为 10 ~ 14℃。

高海拔地区： 海拔 1500m 以上地区可能有雨夹雪或小雪。

二、出行建议

1. 穿衣建议

由于气温较低且可能有小雨，建议穿厚外套或羽绒服，搭配长裤和保暖内衣，以防受凉。

如果前往高海拔地区，需注意防寒，建议穿戴防滑鞋和保暖衣物。

2. 是否需要带伞

今天有间断小雨或零星小雨，建议携带雨伞以防淋湿。

3. 防晒建议

今天天气以阴天为主，紫外线强度较低，无须特别涂抹防晒霜。

三、其他注意事项

道路湿滑： 雨天路面湿滑，尤其是高海拔地区可能有结冰现象，出行时需注意安全。

空气质量： 空气情况良好，无须佩戴口罩。

综上，今天重庆天气阴冷有小雨，建议穿厚衣服、带伞，无须特别防晒，出行时注意防滑和保暖。

3.8 宠物护理：如何照顾宠物猫 / 狗

小猫、小狗这些可爱的宠物，为家庭带来了无尽的欢乐与陪伴，但同时也伴随着责任。确保宠物健康快乐地成长，需要了解它们的基本需求和适当的护理方法。无论是日常饮食、定期运动还是健康管理，每个细节都至关重要。DeepSeek 将为你提供全面的宠物护理建议，从选择合适的食物到保持良好的卫生习惯，帮助你轻松应对宠物护理中的各种挑战，让它们健康快乐地成长。

提示词：**我最近想养小猫小狗，你能告诉我小猫小狗可能会患上的常见疾病，以及生病后该怎么处理吗？**

DeepSeek：

当然可以！以下是小猫小狗的常见疾病及危害：

一、小猫常见疾病及危害

1. 猫瘟（泛白细胞减少症）

症状：高烧、呕吐、腹泻（带血）、脱水、嗜睡。

危害：幼猫死亡率极高（未接种疫苗可达 90%），病毒可通过粪便、呕吐物传播。

解决办法：一旦发现症状，立即带猫去兽医处进行诊断和治疗。治疗通常包括输液（防止脱水）、抗生素（防止继发感染）和抗病毒药物。

2. 猫传染性腹膜炎

症状：腹部积液、呼吸困难、消瘦、发烧。

危害：由冠状病毒变异引发，目前无特效药，未及时干预可能致命。

解决办法：使用利尿剂减少腹水，使用抗生素防止继发感染。保持猫的生活环境稳定，减少压力，避免冠状病毒变异。

3. 泌尿系统疾病（如尿闭、膀胱炎）

症状：频繁排尿但量少、排尿疼痛、尿血。

危害：公猫易因尿道堵塞引发急性肾衰竭，48 小时内可能死亡。

解决办法：尿闭是紧急情况，需立即就医，兽医可能会进行导尿、输液和药物治疗。

4. 寄生虫感染

体内寄生虫（蛔虫、绦虫）：消瘦、腹泻、呕吐。

体外寄生虫（跳蚤、蜱虫）：皮肤瘙痒、贫血（幼猫）。

危害：长期感染导致营养不良，蜱虫可能传播致命血液病（如巴贝斯虫）。

解决办法：如果宠物感染的是体内寄生虫，则使用兽医推荐的驱虫药，定期驱虫；如果感染的是体外寄生虫，则使用跳蚤、蜱虫的预防药物，如滴剂、喷雾或口服药。

二、小狗常见疾病及危害

1. 犬瘟热

症状：高烧、脓性眼鼻分泌物、抽搐（后期）。

危害：幼犬致死率高达 80%，幸存者可能有神经后遗症。

解决办法：包括输液、抗生素（防止继发感染）、抗病毒药物和营养支持。犬瘟热具有高度传染性，病犬应与其他犬隔离。

2. 细小病毒

症状：剧烈呕吐、血便、脱水。

危害：未及时治疗 3~5 天内死亡，病毒存活能力强。

解决办法：细小病毒病情进展迅速，需立即就医，治疗包括输液、抗生素、止吐药和营养支持。

3. 犬心丝虫

症状：咳嗽、运动不耐受、腹水（晚期）。

危害：成虫堵塞心脏和肺部血管，致死率高，治疗费用昂贵。

解决办法：兽医可能会开药物杀死心丝虫，但治疗过程需谨慎，以免引发并发症。在严重情况下，可能需要进行手术移除心丝虫。

4. 皮肤病（如螨虫、湿疹）

症状：皮肤红肿、脱毛、频繁抓挠。

危害：继发细菌感染，长期不愈可能引发败血症。

解决办法：使用抗螨药膏、抗真菌药膏或湿疹药膏，涂抹在感染部位。严重感染时，兽医可能会开口服药物。

提示词：**如果我的宠物生病了，我该怎么让它快点好起来呢？比如给它吃点什么食物，怎么帮它保持卫生，以及日常的护理技巧。**

DeepSeek：

当宠物生病时，及时采取正确的护理措施非常重要。以下是一些建议，帮助你照顾生病的宠物，促进它尽快康复：

1. 饮食建议

易消化的食物：如果宠物食欲缺乏，可以给它提供易消化的食物，如煮熟的鸡肉（去骨）、米饭或专门的病号餐。避免油腻或难以消化的食物。

保持水分：确保宠物有充足的饮水，脱水会加重病情。如果宠物不愿意喝水，可以尝试用注射器（无针头）少量喂水，或者给它提供含水量高的食物，如罐头食品。

2. 卫生与清洁

定期清理排泄物：如果宠物因为生病无法控制排泄，应及时清理它的排泄物，保持环境清洁，避免细菌滋生。

清洁宠物身体：如果宠物因为生病无法自我清洁，可以用温湿的毛巾轻轻擦拭它的身体，特别是肛门和尿道周围，保持干净。

消毒环境：定期清洁宠物的生活区域，使用宠物安全的消毒剂，避免使用刺激性强的化学清洁剂。

3. 日常护理技巧

保持安静和舒适：为宠物提供一个安静、温暖、舒适的环境，避免过多的噪声和干扰，让它有足够的休息时间。

监测体温：如果宠物发烧或体温异常，可以用宠物专用的体温计测量体温。正常体温范围因动物种类而异，猫和狗的正常体温通常在38～39℃之间。

观察症状：密切观察宠物的症状变化，如食欲、精神状态、排泄情况等。如果症状加重或持续不改善，应及时联系兽医。

按时服药：如果兽医开了药，应确保按时按量给宠物服药，不要随意更改剂量或停药。

4. 心理关怀

陪伴和安抚：生病的宠物可能会感到焦虑或不安，多花时间陪伴它，轻轻抚摸或轻声安慰，帮助它放松。

避免过度刺激：在宠物生病期间，避免过多地互动或剧烈运动，让它有足够的时间恢复。

5. 及时就医

咨询兽医：如果宠物的病情没有好转，或者出现呕吐、腹泻、呼吸困难、严重乏力等症状，应立即联系兽医。不要自行给宠物用药，尤其是人用药物，可能会对宠物造成伤害。

3.9 节日准备：年夜饭的准备技巧

春节，是阖家团圆的温馨时刻，而年夜饭则是这场团聚里的重头戏。在这特殊的日子里，每一道精心烹制的菜肴，都承载着对家人满满的爱。无论是家常的红烧肉，还是鲜美的清蒸鱼，每一口都饱含着家的味道。DeepSeek 可以为你提供贴心的年夜饭准备技巧，帮助你轻松应对烦琐的烹饪流程，让这顿团圆饭更加丰盛和难忘。

提示词：**马上就要准备年夜饭了，我肠胃不太好，想吃点清淡易消化的食物，但孩子们想吃点比较辣的食物，我们家总共八口人。请你帮我规划几套年夜饭方案，只列出菜名就好。**

DeepSeek：

好的！以下是结合重庆地区特色、兼顾清淡和辣味的年夜饭方案，菜品更加丰富，适合八人份：

方案一

清淡易消化：清蒸江团鱼、白灼虾、上汤豌豆苗、山药炖鸡汤、南瓜小米粥

重庆特色辣菜：重庆辣子鸡、毛血旺、酸菜鱼、凉拌折耳根、香辣蹄花

其他搭配：腊味拼盘、红糖糍粑

方案二

清淡易消化：清蒸鲈鱼、白灼菜心、番茄牛尾汤、蒸鸡蛋羹、银耳莲子羹

重庆特色辣菜：水煮牛肉、重庆火锅、辣炒田螺、凉拌木耳、泡椒凤爪

其他搭配：醪糟汤圆

方案三

清淡易消化：清蒸多宝鱼、白灼西兰花、冬瓜排骨汤、蒸南瓜、红豆沙汤圆

重庆特色辣菜：重庆烧鸡公、麻辣香锅、泡椒牛蛙、凉拌黄瓜、干锅土豆片

其他搭配：腊肉炒蒜苗

小贴士

1. **火锅方案：**如果选择重庆火锅，可以准备鸳鸯锅，清汤锅底用鸡汤或菌菇汤，麻辣锅底用重庆牛油火锅底料，食材可以准备牛肉卷、毛肚、黄喉、虾滑、豆腐、土豆片等，满足全家需求。

2. **辣度调整：**可以根据家人的口味调整辣度，比如减少辣椒用量或用微辣调料。

3. **甜品搭配：**重庆特色甜品（如红糖糍粑、醪糟汤圆）可以中和辣味，增加年夜饭的幸福感。

提示词：**年夜饭要做很多道菜，我担心厨房操作空间不够用，而且怕有的菜放凉了，怎样合理规划厨房空间和烹饪流程呢？**

DeepSeek：

在厨房空间有限的情况下，以下是一些建议，帮助你高效准备年夜饭：

1. **提前准备**

食材预处理：提前一天将食材洗净、切好，分装保存。比如蔬菜切好放入保鲜盒，肉类腌制好放入冰箱。

调料准备：将所有需要的调料提前准备好，放在小碗或调料盒中，避免烹饪时手忙脚乱。

2. **合理规划烹饪顺序**

先做冷菜和凉菜：如凉拌木耳等，可以提前做好放入冰箱。

炖煮类菜品优先：如冬瓜排骨汤等，可以提前炖煮，利用炖煮的时间准备其他菜品。

最后做快炒类菜品：如重庆辣子鸡、腊肉炒蒜苗等，快炒类菜品出锅后立即上桌，保持热度。

3. 利用多功能厨具

电压力锅：可以用来炖汤、煮饭，节省时间和炉灶空间。

蒸锅：可以同时蒸多个菜品，如清蒸鲈鱼和蒸鸡蛋羹可以一起蒸。

烤箱：可以用来烤制菜品，如炸红糖糍粑，解放炉灶空间。

4. 合理安排厨房空间

分层利用：使用多层蒸架或蒸锅，同时蒸多个菜品。

临时扩展台面：使用折叠桌或厨房推车，增加临时操作空间。

清理台面：每完成一道菜品的烹饪，立即清理台面，保持空间整洁。

5. 保温措施

保温板：使用保温板或保温垫，将做好的菜品放在上面，保持温度。

保温锅：使用保温锅或砂锅，将炖煮类菜品放入保温锅中，保持热度。

3.10 家庭安全：如何检查家中煤气泄漏

家，是温暖的港湾，可家中的安全隐患却不容忽视，如煤气泄漏。煤气一旦泄漏，可能引发爆炸、中毒等严重事故，危及家人的生命健康。DeepSeek 能为你提供简单易懂的煤气泄漏检查方法，无论是日常的自我检查，还是遇到突发情况时的应对，这些方法都能让你在关键时刻迅速采取行动，让家成为真正安全无忧的避风港！

提示词：**家里最近换了新的煤气灶和管道，我总担心煤气泄漏，可以给我讲讲煤气泄漏的危害，以及如何快速检查煤气是否泄漏吗？**

DeepSeek：

煤气泄漏确实是一个需要高度重视的安全问题，以下是一些关于煤气泄漏的危害以及如何快速检查煤气是否泄漏的方法：

煤气泄漏的危害

1. 中毒：煤气中的甲烷虽然无毒，但泄漏时会置换空气中的氧气，导致缺氧，严重时可能引起窒息。

2. 爆炸：煤气在空气中的浓度达到 5%~15% 时，遇到明火或电火花可能引发爆炸。

3. **火灾：**煤气泄漏后遇到明火或高温表面，可能引发火灾。

如何快速检查煤气是否泄漏

1. **嗅觉检查：**煤气本身是无味的，但为了便于检测，煤气公司会在煤气中添加一种臭味剂（通常是硫醇），使其具有类似臭鸡蛋的气味。如果你闻到这种气味，可能是煤气泄漏。

2. **听觉检查：**煤气泄漏时，可能会听到轻微的嘶嘶声，尤其在管道或连接处附近。

3. **视觉检查：**用肥皂水（洗洁精加水）涂抹在煤气管道和连接处，如果有气泡产生，则说明有泄漏。

4. **使用煤气检测仪：**市面上有专门的煤气检测仪，可以快速检测空气中的煤气浓度，是一种非常可靠的方法。

提示词：**煤气泄漏真是太可怕了，万一检查时真发现有煤气泄漏的迹象，我应该采取什么措施呢？**

DeepSeek：

以下是详细的步骤，帮助你在发现煤气泄漏时确保安全：

1. 立即关闭煤气阀门

找到煤气阀门：通常煤气阀门位于煤气表附近，可能是手轮式或扳手式。

关闭阀门：顺时针旋转手轮或扳手，直到阀门完全关闭，切断煤气供应。

2. 打开门窗通风

迅速打开门窗：确保室内空气流通，降低煤气浓度。

避免使用电器：不要打开或关闭任何电器开关，包括电灯、风扇、抽油烟机等，以免产生电火花。

3. 不要使用明火或电器

禁止明火：不要使用打火机、火柴等明火，也不要吸烟。

避免电器操作：不要插拔电器插头或使用手机，以免产生电火花。

4. 撤离现场

迅速撤离：立即离开泄漏现场，确保所有家庭成员和宠物都撤离到安全地点。

通知邻居： 如果住在公寓或多户住宅，通知邻居撤离，避免影响他人安全。

5. 联系专业人员

拨打紧急电话： 立即拨打煤气公司的紧急电话或当地的紧急服务电话（如 119），报告煤气泄漏情况。

等待专业人员： 在安全地点等待专业人员到来，不要自行尝试修复泄漏。

预防措施

1. 定期检查： 定期检查煤气管道和连接处，确保没有老化、松动或损坏。

2. 正确使用： 使用煤气灶时，确保火焰稳定，避免火焰熄灭后煤气继续泄漏。

3. 保持通风： 使用煤气时，保持厨房通风良好，避免煤气积聚。

3.11 购物建议：如何挑选更适合自己的衣服

在日常生活中，挑选合适的衣服不仅能展现个人的气质，还能提升穿着的舒适感和自信心。无论是参加家庭聚会、日常出行，还是社交活动，合适的衣着总能让人感到轻松自在。然而，面对琳琅满目的服装款式和材质，你可能会感到无从下手。DeepSeek 将根据你自身的身形特点、生活习惯以及偏好，为你提供贴心的购物建议，帮助你轻松挑选到既舒适又合身的衣服。

提示词：**我身材有点发福，肚子和手臂上肉比较多，喜欢简约大方、带点中式元素的款式，最好能方便日常活动，你能给我推荐一些挑选衣服的技巧，以及适合的款式吗？**

DeepSeek：

（深度思考） 好的，用户现在需要帮助挑选适合她身材的衣服，她提到自己有点发福，尤其是肚子和手臂有肉，喜欢简约大方带中式元素的款式，还要方便日常活动。我得考虑如何通过服装设计来修饰她的身材缺陷，同时满足她对风格和功能的需求。

首先，用户的主要困扰是肚子和手臂的肉多，所以需要找到能有效遮盖这些部位的设计。对于肚子，高腰线或者A字形下摆的衣服可能比较合适，因为高腰可以拉长下半身比例，A字形下摆则能遮掩腹部赘肉。而手臂部分，可能需要避免无袖或紧身袖，选择宽松的袖型，比如灯笼袖、蝙蝠袖或者喇叭袖，这些设计既能遮肉，又符合中式元素。

接下来是中式元素的融合。用户喜欢简约大方，所以不能太过复杂，比如刺绣、盘扣、立领这些传统元素可以适当运用，但不宜过多。颜色方面，传统的中式颜色如墨绿、藏青、米白、浅灰等比较适合，既低调又不失韵味。面料方面，天然材质如棉麻、真丝、香云纱等不仅舒适，也符合中式服装的特点，同时透气性好，适合日常活动。

然后要考虑日常活动的便利性。衣服不能太紧身，剪裁要宽松但有型，避免束缚感。比如改良旗袍，虽然传统旗袍比较贴身，但改良版可能会采用宽松的直筒或A字板型，既保留中式风格又舒适。另外，开衫、罩衫这类外套容易穿脱，搭配起来也方便，适合日常。

用户可能没有明确提到的需求包括场合适应性，比如是否适合工作、休闲或正式场合。所以推荐款式时需要兼顾多场景，比如中式衬衫搭配阔腿裤，既适合日常出行，也能应付稍微正式的场合。另外，考虑到她可能希望显瘦，深色系或竖向线条的设计会有帮助，同时避免横向图案，以免显得更宽。

还要注意细节，比如V领或立领的设计可以拉长颈部线条，转移注意力。裙装的话，长款比短款更能修饰下半身，尤其是A字裙或直筒裙。裤装选择高腰阔腿裤，既能遮盖腹部，又显腿长。

最后，搭配建议方面，可能需要指导她如何通过配饰或层次搭配来提升整体造型，比如用长项链或围巾来增加纵向线条，避免臃肿。同时，提供一些具体的款式例子，如具体的衬衫、连衣裙、外套等，帮助她更直观地选择。

总结下来，需要从剪裁、颜色、面料、细节设计等方面综合考虑，既满足修饰身材的需求，又符合她的审美偏好，同时保证日常活动的舒适性。可能还需要提醒她试穿时的注意事项，比如合身但不紧身、注重面料舒适度等。

根据你的身材特点和偏好，推荐以下挑选技巧和适合的款式，既能修饰身形、融入中式元素，又方便日常活动：

一、挑选技巧：扬长避短

1. 修饰腹部

选择高腰线设计： 如高腰连衣裙、A字形上衣，利用腰线拉长比例，隐藏小肚子。

宽松但有型： 避免紧身款，选择略宽松的H型或直筒剪裁，面料以垂坠感强（如棉麻、真丝）为佳，避免软塌材质暴露身形。

巧用开衫/罩衫： 外搭中式短开衫或长罩衫，既能遮肉，又能增加层次感。

2. 弱化手臂

袖型选择： 优先选灯笼袖、蝙蝠袖、喇叭袖或五分袖，宽松袖口能藏肉且自带中式韵味。

避免无袖和紧袖： 无袖会暴露手臂，紧袖则容易勒出赘肉。

3. 中式元素的简约化

细节点睛： 用盘扣、斜襟、小面积刺绣或水墨印花点缀，避免大面积复杂图案。

配色沉稳： 以素色为主（如墨绿、藏青、米白、浅灰），搭配少量传统色（如砖红、靛蓝）提亮。

二、推荐款式与搭配

1. 改良中式衬衫

设计亮点： 宽松直筒剪裁+五分灯笼袖+斜襟盘扣。

搭配建议： 下装穿高腰阔腿裤（显腿长）或深色直筒半裙（遮腹部）。

适合场景： 日常通勤、休闲出行。

面料选择： 棉麻、真丝混纺（透气舒适）。

2. 新中式A字连衣裙

设计亮点： 小立领+微A字下摆+腰部暗褶设计。

优势： 立领修饰脖颈线条，A字裙摆自然遮盖腰腹，暗褶增加立体感不显臃肿。

推荐颜色： 藏青色、米白色、水墨竹叶印花。

搭配建议： 外搭针织开衫或短款刺绣马甲，增加层次感。

3. 改良旗袍式上衣

设计亮点： 短款旗袍领+微宽松版型+下摆开衩。

优势： 保留旗袍的优雅，宽松版型避免传统旗袍的紧绷感。

搭配建议： 配九分烟管裤或阔腿裤，平衡古典与现代感。

三、避雷提醒

避免横向膨胀元素：如大面积亮片、横条纹、蓬松面料（如欧根纱）。

慎选过于宽松的“道袍风”：容易显臃肿，选 H 型剪裁更利落。

配饰简约化：搭配细长项链或玉镯，避免层叠烦琐的装饰。

3.12 法律咨询：房屋买卖合同需要注意哪些法律条款

买房，是人生中至关重要的大事，而签订房屋买卖合同则是其中关键一环。合同中的条款涉及房款支付、房屋交付、产权明晰等诸多事项，稍不留意，可能就会埋下隐患。面对复杂的法律条文，借助 DeepSeek，你可以获得详尽的指导，明确哪些条款需要特别关注，如何根据自身情况调整合同内容，以及怎样妥善处理可能出现的问题，从而让整个购房过程更加顺利。

提示词：**我打算买套二手房，但听说房屋买卖合同里有好多容易被忽视的“坑”，比如房屋产权归属或租赁纠纷这类问题，我该怎么确保合同能够保障我的权益呢？**

DeepSeek：

购买二手房时，确保合同能够保障你的权益至关重要。以下是一些关键步骤和注意事项：

1. 核实房屋产权

产权调查：通过房产管理部门查询房屋的产权信息，确认卖方是否为合法所有者，并检查是否存在抵押、查封等限制。

共有人同意：如果房屋有共有人，需确保所有共有人同意出售，并在合同上签字。

2. 检查房屋状态

房屋状况：实地查看房屋，确认是否存在质量问题或违建。

租赁情况：确认房屋是否出租，避免“买卖不破租赁”的风险。如有租客，需明确租约处理方式。

3. 明确合同条款

房屋信息：确保合同中房屋地址、面积、产权证号等信息准确无误。

付款方式：明确付款时间、金额及方式，避免模糊条款。

交房时间：明确交房时间和条件，确保按时交付。

违约责任：明确买卖双方的违约责任及赔偿标准。

4. 税费分担

税费约定：明确买卖双方各自承担的税费，避免纠纷。

5. 户口迁移

如涉及户口迁移，需在合同中明确迁出时间及违约责任。

6. 合同备案

签订合同后及时备案，确保法律效力。

7. 补充协议

如有特殊约定，可通过补充协议明确，避免口头承诺无据可依。

提示词：**我准备把自己名下一套闲置的房子卖出去，请告诉我合同里关于违约责任和房款支付方式的法律规定细节。**

DeepSeek：

出售房产时，合同中的违约责任和房款支付方式是关键部分，明确这些条款可以有效避免纠纷。以下是相关法律规定和注意事项：

一、违约责任

1. 逾期付款的处理

违约金条款：合同中应明确逾期付款的违约金比例，通常为未付款项的每日万分之五或双方约定的其他比例。

解除合同：如买家逾期超过一定期限（如30天），卖家有权解除合同，并要求买家赔偿损失。

继续履行：卖家也可选择要求买家继续履行合同并支付违约金。

2. 违约金的约定

合理范围：违约金通常不超过实际损失的30%，过高或过低均可请求法院调整。

明确计算方式：合同中应明确违约金的计算方式和支付时间。

二、房款支付方式

1. 一次性付款

风险：买家可能因资金问题无法按时支付。

条款建议：明确付款时间、金额及逾期责任，建议使用资金监管账户。

2. 分期付款

风险：买家可能中途违约，停止支付。

条款建议：明确每期付款时间、金额及逾期责任，约定未按期付款的违约责任。

3. 按揭贷款

风险：买家贷款申请可能被拒或延迟。

条款建议：明确贷款失败的处理方式，如改为一次性付款或解除合同，约定贷款审批时间及逾期责任。

三、资金监管

资金监管账户：建议通过第三方监管账户进行交易，确保资金安全，明确资金释放条件。

3.13 投资理财：如何选择合适的理财产品

在日常生活中，如果手中的资金能发挥更大的价值就太好了。无论是为了家庭的长远规划，还是为了提升生活质量，选择合适的理财产品都是一条不可忽视的路径。面对市场上琳琅满目的理财产品，风险和收益各有不同，稍不留意就可能掉入投资陷阱。DeepSeek将为你提供实用的理财建议，帮助你精准选择适合的理财产品，让财富管理更安心。

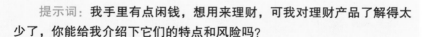

提示词：**我手里有点闲钱，想用来理财，可我对理财产品了解得太少了，你能给我介绍下它们的特点和风险吗？**

DeepSeek：

当然可以！理财产品种类繁多，各有特点、风险和适用人群。以下是一些常见的理财产品及其特点：

1. 银行储蓄

特点：安全性高，流动性好，收益稳定但较低。

风险：风险极低，受存款保险保障。

适用人群：风险承受能力低、追求资金安全的投资者。

2. 货币基金

特点： 主要投资于短期货币工具，流动性高，收益高于银行储蓄。

风险： 风险较低，但收益会随市场波动。

适用人群： 希望获得较高流动性且风险承受能力较低的投资者。

3. 债券基金

特点： 主要投资于国债、企业债等，收益较稳定，风险适中。

风险： 受利率和信用风险影响，收益会有波动。

适用人群： 追求稳定收益且能承受一定风险的投资者。

4. 股票基金

特点： 主要投资于股票市场，潜在收益高，但波动大。

风险： 风险较高，受股市波动影响大。

适用人群： 风险承受能力较高、追求高收益的投资者。

5. 信托产品

特点： 通常有较高的起投金额和固定期限，收益较高。

风险： 风险较高，存在违约可能。

适用人群： 资金充裕且能承受较高风险的投资者。

提示词：**经过初步了解，我决定选择银行储蓄产品，我应该重点关注哪些方面呢？**

DeepSeek：

以下是你在选择银行储蓄产品时应重点关注的几个方面：

一、储蓄方式

1. 活期储蓄

优点： 流动性高，随时存取，适合日常备用金。

缺点： 利率较低，收益有限。

适用场景： 适合需要随时支取资金的投资者。

2. 定期储蓄

优点： 利率较高，收益稳定，适合中长期储蓄。

缺点： 流动性较差，提前支取可能损失部分利息。

适用场景： 适合有明确资金使用计划的投资者。

3. 通知存款

优点： 利率介于活期和定期之间，需提前通知银行支取。

缺点：需提前通知，流动性稍差。

适用场景：适合有一定流动性需求但希望获得较高收益的投资者。

4. 大额存单

优点：利率较高，通常高于定期储蓄，适合大额资金。

缺点：起存金额较高，流动性较差。

适用场景：适合有大额闲置资金的投资者。

二、收益计算方式

利率类型：了解是固定利率还是浮动利率，固定利率在存期内不变，浮动利率可能随市场变化。

计息方式：常见的有单利和复利。单利只对本金计息，复利对本金和利息一起计息，复利收益更高。

付息频率：了解利息是到期一次性支付还是按月、按季度支付，不同频率影响实际收益。

三、提前支取

提前支取规则：了解提前支取是否允许以及相应的利息计算方式。通常提前支取会按活期利率计息，可能损失部分利息。

部分支取：部分银行允许部分提前支取，剩余部分仍按原利率计息，需了解具体规则。

四、安全性

存款保险：了解银行是否参与存款保险制度，通常每个账户在同一家银行的存款保险限额为 50 万元。

银行信誉：选择信誉良好、经营稳健的银行，降低风险。

五、其他费用

账户管理费：了解是否有账户管理费或其他隐性费用。

转账费用：了解跨行转账、异地取款等费用。

六、自动转存

了解银行是否提供自动转存服务，到期后是否会自动将本金和利息转入下一期定期存款，避免资金闲置。

七、优惠活动

银行促销：关注银行是否有针对储蓄产品的优惠活动，如加息、礼品等。

第 4 章　创 作 助 手

对于创作者来说，创作不仅是一个自我表达的途径，也是记录生活、分享经验的重要方式。而 DeepSeek 的强大功能正为用户提供了便利，能够显著提升创作者的工作效率和作品质量，尤其在没有灵感时。无论是作诗、记录生活，还是提供生活小技巧，DeepSeek 都能够帮助用户轻松搞定。

不仅如此，用户还可以将 DeepSeek 与其他 AI 平台结合使用，实现数据共享和功能互补。例如，用户先在 DeepSeek 上开始创作，然后转移到其他平台进行其他形式的创作，如图片、视频等，这样可以充分利用各个平台的优势。无论是数据资源的整合，还是特定功能的强化，都能让创作过程更加顺畅，作品形式和内容也能更加丰富多样，极大地拓宽了创作的边界和可能性。

4.1　诗歌创作：如何撰写抒情诗歌

在诗歌创作中，抒情诗歌以其独特的情感表达和艺术形式，深受创作者的喜爱。借助 DeepSeek，创作者可以快速获得灵感并生成富有情感深度的诗歌内容。无论是用词的精致，还是情感的传达，DeepSeek 都能提供多样化的创作支持。当然，机器辅助的创作最终还是需要个人情感的注入与雕琢，才能成就一首动人的诗篇。

提示词：**我想让你帮我写一首现代诗，主题为“夜与黎明”，请你给出一些创作建议。**

DeepSeek：

创作建议：夜与黎明

一、意象选择

夜：月亮、星星、黑暗、阴影、梦境、睡眠、寂静、孤独、神秘、未知、恐惧、期待、等待、沉思、回忆、潜意识、深渊、星空、萤火虫、猫头鹰、蝙蝠、钟表、镜子、窗户、灯火、梦境、失眠……

黎明：曙光、晨星、露珠、鸟鸣、晨雾、地平线、日出、新生、希望、觉醒、开始、光明、温暖、复苏、活力、期待、转变、过渡、界限、门槛、裂缝、伤口……

二、情感基调

对比与冲突：夜的静谧与黎明的躁动，夜的孤独与黎明的希望，夜的恐惧与黎明的期待……

过渡与转变：从黑暗到光明，从沉睡到觉醒，从结束到开始，从绝望到希望，从孤独到连接……

三、语言风格

简洁凝练：现代诗讲究意象的凝练和语言的简洁，避免过于直白和冗长的描述。

跳跃性思维：打破常规的逻辑思维，运用象征、隐喻、拟人等修辞手法，创造独特的意象和意境。

音乐性：注意节奏和韵律，运用重复、排比等手法，增强诗歌的音乐性和感染力。

四、结构安排

线性结构：按照时间顺序，从夜到黎明，描述自然景象的变化和情感的转变。

蜡烛 / 火焰：将夜与黎明的意象和情感进行对比，突出两者的差异和联系。

种子 / 新芽：以夜开始，以夜结束，形成循环，暗示生命的轮回和时间的永恒。

希望以上建议能帮助你创作出优秀的现代诗！

提示词：**请帮我创作一首现代诗，主题为“夜与黎明”。在这首诗中，请用对比手法描绘出对黎明的期待。希望诗歌风格为乐观、进取、昂扬。**

DeepSeek：

《夜与黎明》

钟摆切割着时间
碎成
一地暗色的玻璃
我弯腰拾起
每一片都映着
不同的月亮
有人在梦里数着星星

直到它们
一颗颗熄灭
有人把呼吸
埋进枕头的褶皱
等待
第一缕光将它唤醒
黎明
是夜的裂缝
渗出的光
我站在窗前
看黑暗如何
一点一点
被光明吞噬

4.2 散文写作：如何完成一篇优美的散文

随着时间的流逝，生活中积累的点滴情感和人生智慧，往往需要通过文字进行整理与分享。DeepSeek 能够帮助你梳理思路、找到合适的表达方式，甚至提供相关素材和灵感，帮助你轻松完成一篇触动人心的散文。

提示词：**我想写一篇关于家人在湖边散步的散文，使用平实自然的语言，融入自己的感悟和情感，请你给出一些创作建议。**

DeepSeek：

关于家人在湖边散步的散文创作建议：

一、主题聚焦

温馨亲情：通过描写家人在湖边散步的场景，展现家人之间的亲密无间和温馨氛围。

自然之美：描绘湖边的自然风光，如湖水、树木、花草等，营造宁静祥和的氛围。

人生感悟：从散步这件小事中，感悟人生的真谛，如珍惜当下、享受生活等。

二、素材选择

散步场景：可以选择傍晚或清晨的湖边，描写夕阳西下或朝阳初升时的美景。

家人互动：描写家人之间的对话、动作、表情等，展现亲情的温暖。

自然景物：选择一些具有象征意义的景物，如湖水、树木、花草等，寄托情感。

三、结构安排

时间顺序：按照时间顺序叙述散步的过程，从出发到回家，展现时间的流逝和情感的积累。

空间顺序：以湖边空间为线索，如湖边小路、观景台、凉亭等，描写不同空间里发生的温馨故事。

情感线索：以某种情感为线索，如爱、温暖、感动等，串联起不同的散步片段。

四、语言风格

平实自然：使用平实自然的语言，避免使用过于华丽的辞藻和晦涩的表达。

细腻生动：注重细节描写，如家人的表情、动作、语言等，让读者仿佛身临其境。

富有画面感：运用比喻、拟人等修辞手法，增强语言的形象性和感染力。

五、其他建议

多观察、多记录：平时多和家人一起散步，记录下有趣的对话和感人的瞬间。

融入个人感悟：在叙述事件的同时，融入自己的感悟和思考，提升文章的深度。

反复修改打磨：完成初稿后，反复修改打磨，力求语言精练、情感真挚。

六、示例

《湖边漫步》

那是傍晚时分，夕阳西下，天边染上了一层绚丽的晚霞。

我们一家人沿着湖边的小路，慢慢地走着。

父亲背着手，走在最前面，欣赏着湖边的风景。

母亲挽着我的手，轻声地和我聊着家常。

湖面上，几只水鸟在悠闲地游弋，偶尔发出一两声清脆的鸣叫。

微风拂过，带来阵阵花香，令人心旷神怡。

我们就这样慢慢地走着，聊着，笑着，享受着这难得的悠闲时光。

不知不觉中，天色渐渐暗了下来。

4.3 小说创作：如何构思引人入胜的故事情节

对于许多朋友来说，小说创作不仅是一种兴趣爱好，也是一种记录人生故事、传递智慧的方式。DeepSeek 在情节构思和故事发展方面的帮助，能够帮助你轻松突破写作障碍，快速生成有趣的故事情节。无论是回忆自己的人生经历，还是创造全新的虚拟世界，DeepSeek 都能提供灵感和结构化的框架，助力你更好地组织情节、塑造人物。在保证创意的同时，DeepSeek 还能帮助调整文笔，使故事更具吸引力和可读性，让生成的作品更加生动和富有感染力。

提示词：**我想写一篇短篇武侠小说，字数 2000~3000 字，语言简洁凝练，小说核心为“大音希声，大象无形”，请你给出一些创作建议。**

DeepSeek：

短篇武侠小说创作建议：以“大音希声，大象无形”为核心：

一、主题阐释

“大音希声，大象无形”出自《道德经》，意指最宏大的音律往往听似无声，最宏伟的形象往往看似无形。在武侠小说中，可以理解为：

武功境界：至高无上的武功并非招式华丽、声势浩大，而是返璞归真、无形无相。**人物塑造：**真正的武林高手并非锋芒毕露、盛气凌人，而是深藏不露、大智若愚。**故事内涵：**武侠世界并非只有刀光剑影、快意恩仇，更有对人生、对武学的深刻感悟。

二、创作方向

1. 以“无声之声”展现武功至高境界

主角设定：主角可以是一位看似平凡无奇，甚至被人轻视的武林人士，但其武功已臻化境，举手投足间蕴含无穷威力。

武功描写：避免过于具体的招式描写，而是通过对手的反应、环境的改变等侧面烘托主角武功的高深莫测。

战斗场景：可以设计一场“无声之战”，主角以静制动，以柔克刚，于无形中化解对手的凌厉攻势。

2. 以“无形之形”塑造人物形象

人物关系：可以设置一位与主角形成鲜明对比的反派角色，其武功招式华丽夸张，但最终败于主角的“无形”之下。

性格刻画：主角性格可以偏向于淡泊名利、与世无争，但其内心却有着坚定的信念和对武学的执着追求。

细节描写：通过一些细微的细节描写，如主角的眼神、动作、语言等，展现其深藏不露的武功和智慧。

3. 以“无招胜有招”传达故事内涵

情节设计：故事可以围绕一本失传已久的武功秘籍展开，但最终主角领悟到真正的武功并非拘泥于招式，而是源于对武学的理解和自身的感悟。

主题升华：通过主角的成长历程，传达出“大音希声，大象无形”的哲学思想，引发读者对人生、对武学的思考。

三、其他建议

语言风格：可以采用简洁凝练、富有韵味的语言风格，营造出一种古朴典雅的武侠氛围。

环境描写：可以运用一些象征手法，如以高山、流水、明月等意象，烘托出主角的武功境界和人物形象。

故事节奏：注意把握故事的节奏，张弛有度，避免过于平淡或过于激烈。

四、示例

《无相》

江湖传言，得“无相神功”者，可无敌于天下。

一时间，武林中掀起腥风血雨，各路豪杰为争夺秘籍大打出手。

然而，谁也不知道，“无相神功”究竟为何物，更无人知晓，它早已被一位隐居山林的老者所得。

老者年过古稀，须发皆白，整日里除了种菜养花，便是坐在院子里晒太阳，看起来与普通农夫无异。

一日，一位年轻剑客寻上门来，声称挑战“无相神功”。

老者微微一笑，指了指院子里的石凳，示意剑客坐下。

剑客不明所以，但还是依言坐下。

老者端起茶壶，为剑客倒了一杯茶。

剑客端起茶杯，刚想一饮而尽，却发现杯中茶水纹丝不动，仿佛凝固了一般。

剑客心中一惊，运起内力，想要震碎茶杯，却发现自己的内力如同泥牛入海，消失得无影无踪。

老者依旧微笑着，轻轻拍了拍剑客的肩膀。

剑客只觉得一股柔和的力量传来，整个人便不由自主地站了起来。

“年轻人，武功并非争强好胜，而是修身养性。”老者缓缓说道，“无相无形，方能包容万物。”

剑客恍然大悟，拜谢老者后，飘然离去。

从此，江湖上再也没有人见过这位剑客，而那本“无相神功”秘籍，也随着老者的离世，永远地消失在了历史的长河中。

4.4 儿童故事创作：编写适合儿童阅读的故事

编写儿童故事不仅是一种创作的乐趣，更是与孙辈们分享温馨时光的方式。借助 DeepSeek，用户可以轻松构思出既有教育意义又充满趣味的故事，帮助孩子们在娱乐中获得成长。这一部分将帮助你掌握如何编写富有创意、易于理解且富含人生道理的儿童故事，不仅能促进亲子关系，还能传递你的智慧和人生经验。

提示词：**我想写一篇适合 3~5 岁儿童听的故事，具有神话色彩和教育意义，要有趣味，可以吸引小朋友的兴趣，请你给出一些创作建议。**

DeepSeek：

适合 3~5 岁儿童的神话故事创作建议：

一、主题选择

简单易懂：选择孩子熟悉或感兴趣的主题，如动物、自然、魔法等。

积极向上：传递正能量，如勇敢、善良、诚实、友爱等。

神话色彩：融入神话元素，如神仙、精灵、魔法等，增加故事的趣味性和吸引力。

二、情节设计

结构清晰：采用“开端—发展—高潮—结局”的经典故事结构，情节简单明了，易于孩子理解。

冲突设置：设置一些简单的冲突和挑战，如主人公遇到困难、需要帮助等，增加故事的戏剧性。

结局圆满：故事结局要积极向上，如主人公克服困难、获得成功等，给孩子带来希望和鼓励。

三、人物塑造

形象鲜明：塑造性格鲜明、形象可爱的人物，如勇敢的小兔子、善良的小精灵等。

贴近生活：人物性格和行为要贴近孩子的日常生活，如喜欢玩耍、害怕黑暗等，让孩子产生共鸣。

语言生动：使用生动形象的语言描述人物的外貌、性格和行为，如“圆溜溜的大眼睛”“蹦蹦跳跳地走路”等。

四、语言表达

简洁易懂：使用简单易懂的词汇和句式，避免使用过于复杂或抽象的语言。

生动形象：运用比喻、拟人等修辞手法，增强语言的形象性和趣味性。

富有节奏：注意语言的节奏和韵律，可以使用一些重复的句式或押韵的词语，增加故事的朗朗上口感。

五、其他建议

插图辅助：可以配上一些色彩鲜艳、形象生动的插图，帮助孩子理解故事内容。

互动环节：在故事中加入一些互动环节，如提问、猜谜等，增加孩子的参与感。

寓教于乐：将教育意义融入故事情节中，如通过故事告诉孩子要勇敢、善良等。

六、示例

《月亮上的小兔子》

从前，月亮上住着一只小兔子，它有一双圆溜溜的大眼睛，一身雪白的绒毛，可爱极了。

小兔子每天最喜欢做的事情，就是坐在月亮上，看着地球上的人们。

它看到孩子们在草地上奔跑，在花园里玩耍，心里羡慕极了。

“我也好想去地球上玩啊！”小兔子叹了口气。

一天，小兔子遇到了一位善良的仙女。

仙女知道了小兔子的愿望，便挥动魔法棒，变出了一条通往地球的彩虹桥。

小兔子高兴极了，它蹦蹦跳跳地踏上了彩虹桥，来到了地球。

小兔子在地球上玩得可开心了，它和小朋友们一起玩耍，一起分享美味的胡萝卜。

但是，小兔子也开始想念月亮上的家了。

仙女告诉小兔子，只要它每天晚上都乖乖睡觉，就能在梦里回到月亮上。

从此以后，小兔子每天晚上都早早地上床睡觉，在梦里回到月亮上，继续看着地球上的人们。

故事寓意：这个故事告诉孩子们要珍惜眼前的美好，也要懂得感恩和回报。

4.5 公众号文章创作：如何快速完成一篇公众号文章

写公众号文章不仅是分享个人经历和知识的途径，也能与亲朋好友进行思想上的探讨。DeepSeek 可以帮助你快速生成内容，从选题到结构安排，再到文字优化，都能节省大量时间。无论是健康养生、生活小技巧，还是旅行分享，都可以轻松写出吸引读者的高质量文章，既传播了自己的思想，也能提高与粉丝的互动性。

提示词：**我想学习如何快速完成一篇公众号文章。你能告诉我一些简单易懂的方法吗？比如如何选题、构思框架、组织内容，以及如何让文章更吸引人？最好能结合一些实际的例子，让我更容易理解和操作。**

DeepSeek：

以下是一些简单易懂的方法，帮助你快速完成一篇公众号文章：

1. 选题

从兴趣出发：选择你感兴趣或熟悉的主题，比如健康养生、家庭故事、旅行见闻等。

关注热点：结合当前的社会热点或节日节气，比如春节、重阳节等，写一些相关的文章。

解决实际问题：分享一些实用的生活技巧，比如如何保养身体、如何与子女沟通等。

2. 构思框架（三段式结构）

- **开头：**引入主题，可以用一个小故事、一个问题或一句名言吸引读者。
- **中间：**展开内容，分段讲述你的观点或故事，每段一个核心点。
- **结尾：**总结全文，可以呼吁行动、表达感悟或留下思考。

3. 组织内容

列提纲：先列出几个要点，比如"为什么要写这个话题""我的观点是什么""如何解决问题"等。

分段清晰：每段只讲一个重点，避免内容混杂。

加入例子：用你的生活经历或身边的故事来支持观点，比如"我的一位朋友曾经……"

4. 让文章更吸引人

语言亲切：用聊天式的语气，就像和朋友说话一样，避免太正式或复杂地表达。

图文结合：适当插入图片或表情包，让文章更生动。

互动提问：在文章结尾提一个小问题，比如"你有没有类似的经历？"鼓励读者留言。

5. 实际例子

选题：比如写一篇《退休后如何保持健康生活》，结合你的日常锻炼和饮食习惯。

框架：

- **开头：**讲述自己退休后的生活变化。
- **中间：**分享几点健康建议，比如每天散步、饮食清淡。
- **结尾：**鼓励读者一起行动起来，保持健康。

内容：加入一些具体的小故事，比如"我每天早晨都会去公园散步，认识了很多朋友"。

提示词：**我想要完成一篇公众号文章——《退休后如何保持健康生活》，结合我的日常锻炼和饮食习惯。框架：开头讲述自己退休后的生活变化；中间分享几点健康建议，比如每天散步、饮食清淡；结尾鼓励朋友一起行动起来，保持健康。**

DeepSeek：

退休后如何保持健康生活：

退休后，生活节奏突然慢了下来，刚开始还真有点不适应。以前忙忙碌碌的日子一下子变得清闲，反而让我有些无所适从。不过，随着时间的推移，我逐渐找到了新的生活节奏，也开始更加关注自己的健康。今天，我想和大家分享一下我退休后保持健康生活的一些小经验。

1. 每天散步，享受自然

退休后，我养成了每天早晨散步的习惯。无论是晴天还是雨天，我都会去附近的公园走一走。呼吸新鲜空气，看看花草树木，心情也变得舒畅了许多。散步不仅锻炼了身体，还让我结识了不少志同道合的朋友。我们常常一边走一边聊天，分享生活中的趣事，日子过得充实又愉快。

2. 饮食清淡，注重营养

随着年龄的增长，我开始更加注重饮食的健康。每天的饮食尽量清淡，少油少盐，多吃蔬菜水果。早餐通常会吃一碗燕麦粥，搭配一个鸡蛋和一些水果；午餐和晚餐则以蔬菜和粗粮为主，偶尔吃些鱼肉补充蛋白质。我还学会了控制食量，每餐只吃七分饱，避免暴饮暴食。

3. 保持心态平和，积极乐观

退休后，我学会了放下过去的忙碌和压力，更多地关注自己的内心世界。每天花点时间看看书、听听音乐，或者写写日记，记录生活中的点滴。遇到烦心事时，我会告诉自己，生活总有起起落落，保持一颗平常心最重要。积极乐观的心态，让我感觉每天都充满活力。

结尾：

退休后的生活，其实可以过得很精彩。只要我们愿意行动起来，关注自己的健康，调整好心态，就能享受这段美好的时光。希望我的这些小经验能对大家有所帮助。朋友们，不妨从今天开始，和我一起散步、调整饮食、保持乐观，让我们的退休生活更加健康、快乐！

4.6 朋友圈文案：如何完成社交媒体文案

朋友圈不仅是分享生活点滴的地方，更是与亲朋好友互动交流的桥梁。DeepSeek 可以帮助你快速生成朋友圈文案，无论是日常分享、节日祝福还是心情感悟，都能轻松构思和优化。通过智能化的语言处理，你可以创作出既贴心又有趣的文案，让你的社交圈子更加活跃，也能展现你的个性和品位。

提示词：**我想学习如何在朋友圈发布吸引人的文案。请问有没有简单易懂的方法或步骤，可以帮助我快速掌握编写朋友圈文案的技巧？比如如何开头、如何表达情感、如何选择合适的图片等。希望能用通俗的语言解释，方便我理解和操作。**

DeepSeek：

以下是一些简单易懂的方法和步骤，帮助你快速掌握编写朋友圈文案的技巧：

1. 如何开头

问候语开头： 可以用简单的问候语开始，比如"大家好！""今天天气真好！"这样显得亲切自然。

直接点题： 如果想分享某件事，可以直接说"今天发生了一件有趣的事……"或者"刚刚看到了一篇好文章……"

引用名言： 如果想显得有深度，可以用一句名言或俗语开头，比如"俗话说，活到老学到老……"

2. 如何表达情感

真诚自然： 朋友圈文案不需要太复杂，真诚最重要。比如"今天和家人一起吃饭，感觉特别幸福！"这样的表达就很打动人。

多用感叹词： 适当使用"啊""呀""呢"等语气词，比如"今天的夕阳真美啊！"会让文案更有温度。

分享感受： 可以简单描述自己的心情，比如"今天心情特别好，因为……"或者"最近有点累，但看到大家的鼓励很开心！"

3. 如何选择合适的图片

与文案相关： 图片要和文案内容匹配，比如写"今天去公园散步"，可以配一张公园的美景照片。

清晰美观： 选择清晰、光线好的照片，避免模糊或过暗的图片。

适当修饰：可以用手机自带的修图工具稍微调整亮度、对比度，或者加个简单的滤镜，让图片更吸引人。

4. 其他小技巧

适当分段：文案不要太长，分几段写会更清晰。比如：

今天和家人一起去了海边，

海风轻轻吹，心情特别放松。

希望大家也能找到属于自己的小确幸！

加入互动：可以在文案结尾加一句互动的话，比如“你们最近有什么开心的事吗？”或者“大家觉得这张照片怎么样？”

保持简洁：不需要写太多，几句话表达清楚即可。

提示词：**我想要发布一条朋友圈，需要朋友圈文案，请你帮我写一条朋友圈文案，100字左右，使用简单的问候语开头，情感真诚自然，并附上配图建议。**

DeepSeek：

文案：

大家好！今天和老朋友们聚在一起喝茶聊天，回忆过去的点点滴滴，真是感慨万千。

时间过得真快，珍惜每一次相聚，感恩有你们的陪伴。

配图建议：

1. 一张茶具和茶点的照片，展现温馨的氛围。
2. 一张与朋友们的合影，笑容自然，充满欢乐。
3. 一张窗外的风景照，阳光洒进来，显得温暖宁静。

4.7 食谱创作：如何快速编写食谱

分享家常美食的食谱可以传承经验，更是和家人朋友促进关系的一种方式。DeepSeek 可以帮助你轻松编写食谱，从食材搭配到烹饪步骤，再到小贴士的建议，智能化地为你提供结构清晰、易于理解的内容。无论是简单的家常菜还是节日大餐，DeepSeek 都能为你节省时间，快速制作出美食。

提示词：我最近退休在家，想根据自己的做菜经验编写一本食谱。我比较擅长川菜，请你帮我列一个目录框架。

DeepSeek：

《川味人生》

目录

序言：讲述你与川菜的故事，为何决定编写这本食谱，以及你对川菜的理解和热爱。

第 1 章：川菜之魂——调味篇

1.1 川菜常用调味料介绍：花椒、辣椒、豆瓣酱、泡椒等

1.2 红油的制作：详解红油的制作方法和技巧

1.3 复制酱油的制作：揭秘川菜提鲜的秘密武器

1.4 家常味型的调配：鱼香味、宫保味、怪味等

第 2 章：家常川菜——经典篇

2.1 回锅肉：肥而不腻，入口化渣

2.2 麻婆豆腐：麻辣鲜香，豆腐嫩滑

2.3 鱼香肉丝：酸甜适口，鱼香味浓

2.4 水煮肉片：麻辣鲜香，肉片滑嫩

2.5 宫保鸡丁：酸甜适口，鸡丁鲜嫩

第 3 章：川味小吃——解馋篇

3.1 钟水饺：皮薄馅嫩，麻辣鲜香

3.2 龙抄手：皮薄馅大，汤鲜味美

3.3 担担面：面条筋道，臊子香浓

3.4 夫妻肺片：麻辣鲜香，口感丰富

3.5 川北凉粉：酸辣开胃，清凉爽口

第 4 章：宴客川菜——面子篇

4.1 开水白菜：清汤寡水，却鲜美无比

4.2 东坡肘子：肥而不腻，入口即化

4.3 樟茶鸭子：色泽红亮，香气扑鼻

4.4 干烧鳜鱼：鱼肉鲜嫩，味道浓郁

4.5 土豆炖牛肉：软糯美味，营养丰富

第 5 章：养生川菜——健康篇

5.1 **白果炖鸡：**滋补养生，汤鲜味美

5.2 **山药排骨汤：**健脾养胃，营养丰富

5.3 **清炒时蔬：**清淡爽口，营养均衡

5.4 **凉拌木耳：**清脆爽口，清热解毒

5.5 **银耳莲子羹：**滋阴润肺，美容养颜

第 6 章：川菜小妙招——经验篇

6.1 如何挑选新鲜的食材

6.2 如何处理食材才能更入味

6.3 如何掌握火候才能做出美味的菜肴

6.4 如何保存食材才能保持新鲜

6.5 一些实用的厨房小技巧

附录：

川菜常用食材介绍

川菜常用烹饪术语解释

川菜文化趣谈

建议：

可以根据自己的经验和喜好调整目录内容。

可以添加一些图片，使食谱更加生动形象。

可以分享一些自己做菜的小故事，增加食谱的趣味性。

提示词：**请以“土豆炖牛肉”为例，教我描述食材、步骤和技巧，让这份食谱看起来清晰明了。**

DeepSeek：

以下是一些简单易懂的方法和步骤，帮助你轻松记录和创作家常菜食谱：

1. 如何描述食材

列出主要食材：先写下这道菜需要的主要食材，比如“土豆、牛肉、胡萝卜”。

注明用量：尽量写清楚每种食材的用量，比如"土豆2个、牛肉300g、胡萝卜1根"。

简单分类：可以将食材分为"主料"和"配料"，方便查看。

2. 如何描述步骤

按顺序写：按照做菜的步骤一步步写，比如"第一步：将牛肉切块；第二步：土豆和胡萝卜去皮切块"。

简洁明了：每步用简短的话描述，比如"热锅凉油，放入牛肉翻炒至变色"。

注意细节：可以加入一些小技巧，比如"炒牛肉时加一点料酒去腥"。

3. 如何让食谱清晰明了

将食材、步骤分段写，比如：

食材：

牛肉300g

土豆2个

胡萝卜1根

步骤：

（1）牛肉切块，土豆和胡萝卜去皮切块。

（2）热锅凉油，放入牛肉翻炒至变色。

（3）加入土豆和胡萝卜，翻炒均匀。

使用序号：用"1、2、3"标注步骤，方便阅读。

配图建议：可以拍几张关键步骤的照片，比如切好的食材、炒菜的过程、成品图。

4. 其他小技巧

记录心得：可以写下做这道菜的心得，比如"牛肉炒之前用淀粉腌制会更嫩"。

分享故事：如果是家传菜，可以写一段小故事，比如"这是妈妈教我的第一道菜，每次做都会想起她"。

保持简洁：不需要写得太复杂，重点是让读者能看懂并操作。

示例食谱：土豆炖牛肉

食材：

牛肉300g

土豆2个

胡萝卜1根

葱姜蒜适量

步骤：

（1）牛肉切块，土豆和胡萝卜去皮切块。

（2）热锅凉油，放入葱姜蒜爆香，加入牛肉翻炒至变色。

（3）加入土豆和胡萝卜，翻炒均匀后加水炖煮30分钟。

（4）最后加盐调味，出锅即可。

4.8 个人回忆录：如何快速撰写个人回忆录

撰写个人回忆录是记录人生经历、分享智慧和情感的一种方式。DeepSeek可以帮助你高效梳理和整理记忆中的点滴，无论是重要的家庭故事、职业经历，还是旅行趣事，都能帮助你清晰表达，赋予文字生命。通过智能提示和结构化的框架，DeepSeek让回忆录的写作变得更加轻松，帮助你在有限的时间内完成一部生动且充满意义的回忆录。

提示词：**我想写一本个人回忆录，记录自己一生的经历。但我不知道从哪里开始，也不知道如何组织内容。请问你能给我一些简单的建议吗？比如如何选择重要的事件以及如何让回忆录读起来流畅自然？**

DeepSeek：

以下是一些简单易懂的方法和步骤，帮助你轻松记录和整理人生中的重要经历和故事：

1. 如何开头

从重要时刻开始：可以从对你影响深远的事件或阶段开始，比如“我出生在一个小山村，那里承载了我最美好的童年回忆”。

简单自我介绍：先简单介绍自己，比如“我叫×××，今年××岁，退休前是一名教师”。

设定基调：可以用一句话概括回忆录的主题，比如“这是一段关于成长、奋斗和感恩的故事”。

2. 如何选择主题

按时间顺序：可以从童年、青年、中年到老年，按时间顺序记录。

按重要事件：选择对你影响最大的几件事，比如“我的求学经历”“我的职业生涯”“我的家庭生活”。

情感线索：围绕某种情感展开，比如“感恩”“奋斗”“遗憾与收获”。

3. 如何描述细节

具体化：尽量写清楚时间、地点、人物和事件，比如“1965 年的夏天，我在家乡的小河边第一次学会了游泳”。

加入感受：描述当时的感受和想法，比如“那一刻，我感到无比自豪，仿佛征服了全世界”。

多用对话：可以加入一些对话，让故事更生动，比如“妈妈对我说：‘别怕，慢慢来’”。

4. 如何让回忆录流畅自然

分段写：每个主题或事件单独成段，比如“童年时光”“求学经历”“工作生涯”。

使用过渡句：用简单的过渡句连接段落，比如“随着时间的推移，我逐渐长大，开始了新的旅程”。

保持真实：不需要追求华丽的语言，真实的故事最能打动人。

5. 其他小技巧

先写大纲：先列出回忆录的大纲，比如“童年—求学—工作—家庭—退休生活”，再逐步填充内容。

定期整理：每天或每周记录一点，慢慢积累，不要急于求成。

配图建议：可以加入一些老照片，比如童年照片、工作照、家庭合影，让回忆录更生动。

示例回忆录片段：

童年时光

我出生在一个小山村，那里有清澈的小河和绿油油的稻田。记得小时候，每到夏天，我都会和小伙伴们去河边捉鱼、游泳。有一次，我不小心滑倒了，浑身湿透，回家后被妈妈训了一顿，但她还是笑着给我换了干净的衣服。那段时光虽然简单，却充满了快乐和温暖。

4.9 旅行游记：如何快速撰写一篇旅行游记

旅行是许多用户宝贵的生活体验，而撰写旅行游记则是一种记录和分享旅行感悟的方式。通过 DeepSeek，你可以轻松整理旅途中的点滴，无论是美丽的风景、当地的文化，还是与亲友的互动，平台的智能写作助手能够帮助你快速构建结构清晰、内容丰富的游记，让你的旅行故事更加生动有趣。无论是为了分享给家人朋友，还是留作回忆纪念，DeepSeek 都能为你提供全方位的写作支持。

提示词：**我最近刚结束了一次旅行，想写一篇游记记录下这次经历。但我对写作不太熟悉，不知道从何处下手。你能给我一些简单的步骤或技巧，帮助我快速写出一篇条理清晰、内容丰富的旅行游记吗？最好能告诉我如何开头、如何组织内容，以及如何让文章更有趣。**

DeepSeek：

以下是一些简单易懂的方法和步骤，帮助你轻松记录和分享旅行中的见闻和感受：

1. 如何开头

简单介绍旅行背景：可以从旅行的目的地和时间开始，比如“今年夏天，我和家人一起去了美丽的云南”。

表达期待或感受：可以写写出发前的心情，比如“一直听说云南风景如画，这次终于有机会亲眼看了看”。

用一句话吸引读者：比如“这次旅行让我感受到了大自然的鬼斧神工和人文的深厚底蕴”。

2. 如何描述景点

按时间或路线顺序：按照游览的顺序写，比如“第一天我们去了大理古城，第二天游览了洱海”。

突出特色：抓住景点的独特之处，比如“大理古城的石板路和古老的建筑让人仿佛穿越回了古代”。

加入细节：描述景点的细节，比如“洱海的湖水清澈见底，远处的苍山倒映在湖面上，美得像一幅画”。

3. 如何表达情感

分享感受：写下你在旅行中的心情，比如“站在洱海边，吹着微风，感觉整个人都放松了下来”。

记录互动：可以写写与家人或朋友的互动，比如“孩子们在湖边嬉戏，笑声回荡在空气中”。

表达感悟：可以加入一些对旅行的思考，比如“旅行让我明白，最美的风景往往在路上”。

4. 如何让游记生动有趣

多用形容词：适当使用形容词让描述更生动，比如“壮丽的雪山”“热闹的集市”。

加入小故事：可以写一些旅行中的趣事，比如“在古城里迷了路，却意外发现了一家特别好吃的小店”。

配图建议：可以插入一些旅行照片，比如景点、美食、合影，让游记更直观。

5. 其他小技巧

分段写：每个景点或每天的经历单独成段，比如“大理古城”“洱海之行”“丽江古镇”。

使用过渡句：用简单的过渡句连接段落，比如“离开大理后，我们来到了丽江”。

保持简洁：不需要写得太长，重点突出感受和亮点即可。

示例游记片段：

大理古城

大理古城是我此行的第一站。走进古城，石板路两旁是古老的建筑，店铺里摆满了各种手工艺品。我和家人一边逛一边拍照，孩子们对每一家小店都充满了好奇。傍晚时分，古城的灯光亮起，整个街道显得格外温馨。站在城墙上，远眺苍山洱海。

4.10 旅行相册：如何制作旅行照片相册

许多用户喜欢将旅途中的美好瞬间以相册的形式保存和分享。DeepSeek 不仅能帮助你快速整理照片，还能为你的旅行照片创作出丰富的文字说明，搭配每张照片，讲述属于你的故事。结合 AI 图片处理工具“美图设计室”，你可以轻松制作出专业且个性化的旅行相册。无论是数字形式还是打印成册，都能让珍贵的回忆更具意义，同时也为亲友们提供一份美好的分享礼物。

提示词：**我想学习如何制作旅行照片相册。有没有简单易懂的方法或步骤，可以帮助我轻松整理和编辑旅行照片，制作成精美的相册？比如如何选择照片、如何排版、如何添加文字说明，以及使用哪些工具或软件。希望你能用通俗的语言解释。**

DeepSeek：

以下是一些简单易懂的方法和步骤，包括选照片、排版、加文字，以及推荐的工具和软件。

1. 选择照片

首先，把旅行中的照片按类别整理好，比如每天、景点、美食等。分类有助于快速查找和编辑。

2. 编辑照片

使用手机或电脑上的工具（如 Canva、Microsoft Edge、Photoshop）对照片进行裁剪、去水印、调整亮度等，让相册看起来更专业。

3. 排版建议

每页放 1~2 张大照片，其余放小插图或文字。

在文字下方留白，避免拥挤。

每页顶部放日期或地点名称，方便查找。

4. 文字说明

用记事本或相册软件添加文字，描述照片背后的故事，比如“第一次见到的咖啡店”或“傍晚的夕阳”。

5. 选择工具

手机相册：直接从手机相册导入，适合手机阅读。

PC 软件：如 Canva、Microsoft Edge、Photoshop，适合编辑和排版。

网页工具：如相册创建网站，方便分享或打印。

6. 完成相册

按照排版好的页面复制到相册中，插入文字说明。完成后，可以装入相册或打印出来。

第一步：把旅行中的照片按类别整理好备用。打开“美图设计室”软件，切换到“模板”板块，如图 4.1 所示。搜索“旅行相册”，如图 4.2 所示。

图 4.1

图 4.2

第二步： 挑选合适的模板后，进入模板界面，如图4.3所示。点击“开始设计”按钮，进入模板编辑界面，如图4.4所示。点击模板中的照片，选择底部的“替换”选项。

图 4.3

图 4.4

第三步： 将模板中的照片全部替换为准备好的旅行照片，效果如图4.5所示。之后点击右上角的“保存”按钮，最终效果如图4.6所示。

图 4.5

图 4.6

4.11 图片风格转换：实景图转漫画风

随着科技的进步，越来越多的用户开始尝试通过数字工具来创作和转换图片风格，为自己的生活增添一些乐趣。DeepSeek 目前还不能直接实现图片风格的转换，但它能根据用户的需求，提供工具和操作建议。例如，本节使用的“360 智绘”，便能轻松帮助你将普通的实景照片转换成独特的风格，让你的旅行照片、家庭合影等变得更加生动有趣。无须专业技能，你就能轻松制作出令人惊艳的艺术作品。

提示词：**我想学习如何将实景照片转换成漫画风格。你能告诉我一些简单易用的工具或方法吗？最好是不需要复杂操作，适合不太懂技术的人使用的。**

DeepSeek：

以下是一些简单易用的工具和方法，帮助你将实景照片转换成漫画风格：

推荐工具

1. 360 智绘

特点：操作简单，界面友好，适合初学者。

使用方法：上传照片后，选择“图生图”功能，选择合适的滤镜，调整参数即可生成漫画风格图片。

优点：无须下载软件，在线即可完成。

2. 黄油相机

特点：专门用于将照片转换成卡通或漫画风格，效果逼真。

使用方法：下载 App 后，选择照片并应用漫画滤镜，几秒钟即可完成。

优点：手机端操作方便，适合随时随地使用。

3. 美图秀秀

特点：免费工具，支持多种艺术效果，包括漫画风格。

使用方法：上传照片后，选择“艺术效果”中的“卡通化”选项，调整细节后保存。

优点：无须注册，直接使用。

第一步：用浏览器打开“360 智绘”网页并登录，界面如图 4.7 所示。

图 4.7

第二步：使用“图生图”功能，进入编辑界面，如图 4.8 所示。从相册中上传一张实景照片，选择“风格万象”，单击左下方的“立即生成”按钮，右侧栏呈现生成结果。单击右下角的“下载”按钮，即可下载生成的图片。

图 4.8

4.12 主题绘画：如何创作一张朋友圈配图

随着社交平台的普及，越来越多的用户开始分享自己的生活点滴，而一张吸引人的配图能让你的朋友圈内容更加生动、引人注目。DeepSeek

会为你提供贴心的配图建议，结合即梦 AI 的主题绘画功能，帮助你根据自己的需求快速创作出富有个性且具有艺术感的图片。无论是家庭聚会、旅游风景，还是日常的感悟，你都可以用绘画的方式将这些美好瞬间呈现出来。

提示词：**我想学习如何使用即梦 AI 制作一张适合发朋友圈的配图。请问有没有简单易用的工具或方法，能够教我快速制作出美观又有趣的图片？**

DeepSeek：

你好，DeepSeek 为你提供以下即梦 AI 制作朋友圈配图的简化操作方案：

1. 模板使用

打开即梦 AI App 后进入“灵感”板块，首页推荐区可直接选择“风景”“节日”等分类模板，点击“做同款”按钮即可套用模板样式。

2. 文字描述技巧

在提示词输入框用短句组合描述需求，如“阳光下的向日葵花田，蓝天白云，竖屏照片”。若需调整颜色或元素，可补充“金黄色的向日葵”“飘着几朵白云”。

3. 参数设置建议

选择“即梦通用 2.0”模型（兼容性最佳）

图片比例选 9∶16 竖屏（适配手机展示）

精细度设为 6～8（平衡质量与生成速度）

4. 快速优化方法

生成后若对效果不满意，点击“修改描述”补充细节，如添加“水彩画风格”或“卡通效果”等风格关键词，通常 2~3 次调整即可获得理想效果。

建议首次尝试时直接使用模板库的“春日踏青”或“家庭聚会”类目，生成后可通过即梦 AI App 内置的“一键美化”功能自动优化色调和对比度。

第一步：打开即梦 AI App，在底部工具栏切换到“灵感”板块，界面如图 4.9 所示。选择喜欢的灵感图片，点击“做同款”按钮，如图 4.10 所示。

图 4.9

图 4.10

第二步： 输入相同提示词后，等待生成，生成结果如图 4.11 所示。点击喜欢的图片放大，单击左下角的下载图标，即可进行保存，如图 4.12 所示。

图 4.11

图 4.12

4.13 节日祝福：如何制作电子贺卡

节日祝福是传递情感的重要方式，亲朋好友之间的祝福往往承载着深厚的情感。而随着科技的发展，电子贺卡成为一种既便捷又富有创意的祝福方式。DeepSeek 可以帮助你提供暖心实用的贺卡文案，结合豆包 AI 工具，便能快速制作个性化的电子贺卡，让你的祝福更加贴心、与众不同。

提示词：**我想学习如何使用豆包 App 在手机上制作电子贺卡，方便在节日时发送给亲朋好友。你能教我如何使用常见的应用程序或网站来制作和发送电子贺卡吗？最好能简单易懂。**

DeepSeek：

以下是一些简单易用的工具和方法，帮助你用手机轻松制作电子贺卡：

第一步：准备工作

1. 下载豆包 App

在手机应用商店（如苹果 App Store 或安卓应用市场）搜索“豆包”，下载并安装。

注册或登录账号。

2. 登录 DeepSeek

使用 DeepSeek 帮助你生成文字等内容。你可以通过网页或相关平台使用它。

第二步：生成祝福文字

1. 打开 DeepSeek

在浏览器中搜索 DeepSeek，进入官网或相关平台。

输入你的需求，比如“生成一段春节祝福语”或“写一段生日祝福”。

2. 生成祝福文字

DeepSeek 会根据你的需求生成一段祝福文字。你可以稍作修改，让它更符合你的心意。

将生成的祝福文字复制下来。

第三步：制作贺卡图片

1. 打开豆包 App

打开豆包 App，使用 AI 生图功能。

2. 生成电子贺卡

输入提示词等待生成，总共会生成四张图片，不满意的话可以重新生成，直到满意为止。

第四步：保存和分享

1. 保存贺卡

点击“保存”按钮，将贺卡保存到手机相册。

2. 分享给亲朋好友

打开微信、QQ 或其他社交软件，选择保存的贺卡图片，发送给亲朋好友。如果不满意，可以多试几个模板或调整文字样式，直到满意为止。

3. 保存模板

如果觉得某个模板特别好，可以保存下来，以后直接修改使用。

提示词：**我想使用 AI 生图功能制作一张电子贺卡，请你帮我设计三组生成图片的提示词，要求使用不同风格表达对亲友的祝福。直接输出提示词即可。**

DeepSeek：

以下是三种不同风格的提示词：

1. 传统水墨画风格

风格：用毛笔和水墨表现春节的意境，比如画梅花、竹子或灯笼。

祝福语：可以用书法写上“新春大吉”或“福满乾坤”。

提示词：水墨梅花、红灯笼、春联、福字、毛笔书法。

2. 年画风格

风格：模仿传统年画，画门神、福娃或鲤鱼跃龙门。

祝福语：配上“年年有余”或“吉祥如意”。

提示词：门神、福娃、鲤鱼、金元宝、鞭炮。

3. 剪纸风格

风格：模仿剪纸艺术，画对称的窗花或福字。

祝福语：配上“福到万家”或“春满人间”。

提示词：窗花、福字、对称图案、红色背景、金色点缀。

第一步：从 DeepSeek 生成的提示词中选择一种备用。打开豆包 App，界面如图 4.13 所示。点击底部的“创作”按钮，弹出更多选项菜单栏，如图 4.14 所示。

图 4.13

图 4.14

第二步：选择“AI 生图”功能，进入编辑界面，界面如图 4.15 所示。输入准备好的提示词，并加入“新春快乐”提示词内容。等待生成，生成结果如图 4.16 所示。

图 4.15

图 4.16

第三步：左右滑动可以查看不同的生成效果，点击喜欢的一张图片可以放大，如图 4.17 所示。点击图片下方的“保存”按钮，即可下载图片到手机，最后的效果如图 4.18 所示。保存后即可发送给亲朋好友，表达祝福。

图 4.17

图 4.18

4.14 歌曲创作：如何创作一首原创歌曲

创作一首原创歌曲不仅能让你更好地记录生活，还能成为与亲朋好友分享感动的独特方式。DeepSeek 可以帮助你快速构思歌词、旋律，并提供创作灵感的支持，让你可以在 AI 音乐平台上轻松创作出属于自己的音乐作品。无论是抒发情感、纪念某个特别时刻，还是传递人生哲理，DeepSeek 都能为你提供强有力的创作帮助。

提示词：**模仿《最亲的人》创作一首致敬父母的歌曲，表达亲情，歌曲名字要有深度，歌词朗朗上口。**

DeepSeek:

歌曲名:《岁月里的光》

(第一段)

小时候你牵我的手,
教我走路教我温柔。
风雨里你挡在前头,
让我无忧无虑地走。

(副歌)

岁月里的光,是你的模样,
照亮我前行的方向。
岁月里的光,是你的守望,
无论多远都为我点亮。
你是我最亲的人,
一生一世不忘的恩。
无论天涯海角多长,
心中总有你的温存。

(第二段)

长大后我远走他乡,
你的牵挂伴我飞翔。
电话里你轻声叮咛,
让我勇敢追逐梦想。

(副歌)

岁月里的光,是你的模样,
照亮我前行的方向。
岁月里的光,是你的守望,
无论多远都为我点亮。
你是我最亲的人,
一生一世不忘的恩。
无论天涯海角多长,
心中总有你的温存。

(桥段)

时光匆匆染白双鬓,
你的爱却从未改变。
无论世界如何变幻,

你是我永远的港湾。

（尾声）

岁月里的光，是你的模样，

照亮我前行的方向。

岁月里的光，是你的守望，

无论多远都为我点亮。

你是我最亲的人，

一生一世不忘的恩。

无论天涯海角多长，

心中总有你的温存。

第一步：打开海绵音乐App，界面如图4.19所示。点击底部的“+”按钮，进入“AI写歌”界面，选择“自定义歌词”模式，输入DeepSeek生成的歌词，选择合适的参数，如依次选择“流行—思念—女声—温暖”，如图4.20所示，

图 4.19

图 4.20

第二步：点击图 4.20 中的“生成音乐”按钮，等待生成，生成结果如图 4.21 所示。点击“下一步”按钮，进入“选择作品模板”界面，如图 4.22 所示。点击“添加到作品”按钮，即可成功保存作品。

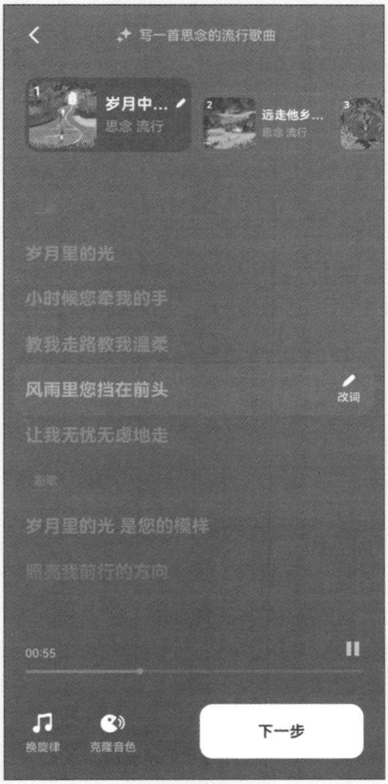

图 4.21

图 4.22

4.15 短视频制作：如何制作日常生活短视频

短视频制作不仅是记录日常生活的好方式，也是与家人、朋友分享生活点滴的重要途径。DeepSeek 提供了灵感与操作思路，联合其他平台（如即梦 AI、剪映）帮助你轻松制作出既生动又有趣的日常生活短视频。无论是分享家庭趣事、烹饪技巧，还是回忆往事，DeepSeek 都能通过自动化脚本和创意建议，让视频更加有条理且富有吸引力。

提示词：**我想为我的宠物制作一个关于萌宠的短视频，请你帮我写一个关于萌宠短视频的脚本，要求风格温暖治愈。**

DeepSeek：

萌宠短视频脚本:《毛茸茸的治愈时刻》

一、视频主题：展现萌宠的可爱瞬间，传递温暖治愈的力量

目标受众：喜爱萌宠、需要治愈的年轻人。

视频风格：温馨、治愈、活泼。

视频时长：30 秒 ~1 分钟。

二、脚本内容

画面 1（0:00—0:05）：

画面：清晨阳光洒进房间，一只橘猫伸着懒腰，从猫窝里醒来。

音效：轻柔的钢琴曲

字幕：“一切美好，如期而至！”“目光所及，皆是美妙！”

画面 2（0:06—0:10）：

画面：一只柯基犬摇着尾巴，欢快地奔向主人，扑进主人怀里。

音效：欢快的狗叫声

字幕：“今天也要元气满满！”

画面 3（0:11—0:15）：

画面：一只仓鼠抱着瓜子，鼓着腮帮子，一脸满足地啃食。

音效：轻快的背景音乐

字幕：“小小的幸福，大大的满足！”

画面 4（0:16—0:20）：

画面：一只兔子在草地上蹦蹦跳跳，追逐着蝴蝶。

音效：自然的环境音

字幕：“自由自在，快乐无边！”

画面 5（0:21—0:25）：

画面：一只猫咪和一只狗狗依偎在一起，互相舔毛，画面温馨有爱。

音效：舒缓的钢琴曲

字幕：“友谊，不分物种！”

画面 6（0:26—0:30）：

画面：各种萌宠的可爱瞬间快速闪现，最后定格在一张笑脸特写上。

音效：欢快的音乐

字幕：“毛茸茸的治愈时刻，你被萌到了吗？”

提示词：我要制作一个关于萌宠的短视频——《毛茸茸的治愈时刻》，请你帮我写一段生成视频所需图片的提示词。

DeepSeek：

《毛茸茸的治愈时刻》图片提示词

为了生成高质量且符合视频主题的图片，以下提示词将结合画面描述和风格关键词：

画面 1（0:00—0:05）：橘猫清晨伸懒腰

画面描述关键词：橘猫，清晨，阳光，猫窝，伸懒腰，温暖，舒适，慵懒

风格关键词：写实，高分辨率，柔和光线，温馨氛围

画面 2（0:06—0:10）：猫咪和狗狗依偎

画面描述关键词：猫咪，狗狗，依偎，舔毛，温馨，有爱，友谊，跨物种

风格关键词：动态捕捉，活泼，欢快，高饱和度色彩

其他建议：

可以使用一些图片生成网站或软件，如即梦 AI 等，输入以上提示词生成图片。

可以根据实际需求调整提示词，如添加具体的品种、颜色等细节。

可以使用图片编辑软件对生成的图片进行后期处理，如调整亮度、色彩等。

第一步：复制 DeepSeek 生成的提示词，打开即梦 AI，粘贴到提示词输入框中。设置相关参数，单击“立即生成”按钮，效果如图 4.23 所示，选择合适的一张图片备用。剩余画面按照相同方法生成图片。

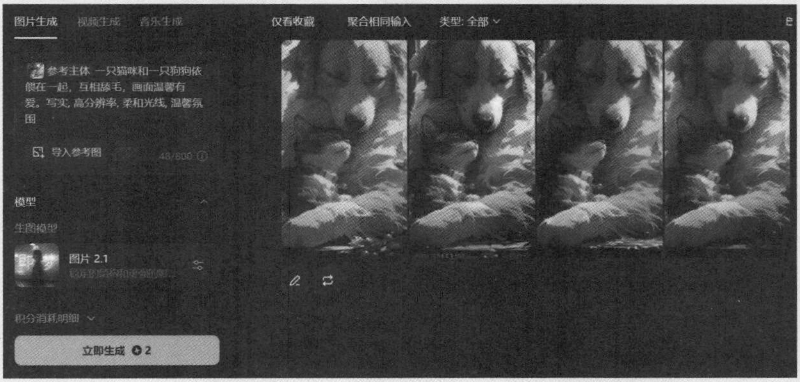

图 4.23

第二步： 打开剪映，选择左侧工具栏中的“模板”，挑选喜欢的模板，如图 4.24 所示。

图 4.24

第三步： 单击“使用模板”按钮，进入编辑界面。单击模板图片，替换为第一步中生成的图片素材，如图 4.25 所示。

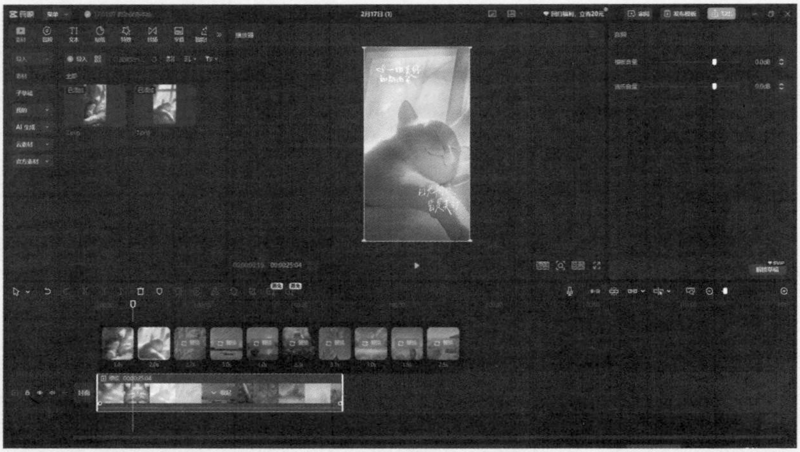

图 4.25

第四步： 替换图片后单击左上角的“文本”按钮，添加 DeepSeek 生成的文案，再根据实际画面进行细节调整，呈现效果如图 4.26 所示。图片和文案都替换结束后，单击右上角的“导出”按钮，即可将视频导出分享。

图 4.26

4.16 创意形象：如何构建原创 Q 版人物

在创意表达的世界里，Q 版人物以其萌趣可爱的形象深受大家喜爱。它们可以被用于绘画、设计或数字创作，一个独特的 Q 版人物会为作品增添无限魅力。本节将介绍如何结合 DeepSeek 与即梦 AI，从零开始构建一个个性鲜明的 Q 版人物。无论你是绘画新手还是希望尝试新风格的创作者，这些方法都能帮助你轻松打造出属于自己的可爱角色。

提示词：**我想用即梦 AI 生成一组精致漂亮的 Q 版女性戏曲人物，请帮我生成一段绘图提示词。**

DeepSeek：

以下是一组精致漂亮的 Q 版女性戏曲人物的绘图提示词，适合用于生成或绘制 Q 版风格的戏曲人物：

提示词组合

1. 主题描述

Q 版风格，女性戏曲人物，精致可爱，中国传统戏曲元素，华丽装饰。

2. 服饰细节

戏曲头饰（凤冠、珠花、流苏），绣花戏服，宽袖长裙，腰带束腰，色彩鲜艳（以红、金、蓝为主）。

3. 面部特征

圆润可爱的 Q 版脸型，大眼睛，小巧鼻子，樱桃小嘴，脸颊微红，表情温柔或俏皮。

4. 动作姿态

手持团扇或水袖轻舞，站立或微微侧身，动作优雅，充满戏曲韵味。

5. 背景元素

传统戏台背景，红色帷幕，灯笼点缀，或简单的古风花纹背景。

6. 装饰细节

头饰镶嵌珍珠和宝石，戏服绣有龙凤或花卉图案，腰间挂玉佩或流苏。

7. 色彩风格

明亮鲜艳的色彩搭配，柔和的光影效果，整体画面温馨可爱。

8. 艺术风格

Q 版卡通风格，线条流畅，细节精致，带有中国传统美学韵味。

示例提示词

提示词 1：可爱 Q 版戏曲女孩，头戴珠花流苏，身穿宽袖长裙，水袖轻舞，古风花纹背景，华丽装饰，色彩明亮。

提示词 2：Q 版戏曲角色，圆润脸型，表情俏皮，凤冠霞帔，绣有龙凤图案的戏服，红色灯笼背景，传统戏曲风格。

提示词 3：精致 Q 版女性戏曲人物，头饰镶嵌宝石，手持折扇，动作优雅，古风背景，色彩柔和，细节丰富。

第一步：打开即梦 AI，界面如图 4.27 所示，选择“AI 作图”功能。

第二步：进入编辑界面，输入 DeepSeek 生成的提示词，选择模型为“图片 2.0 Pro”，设置“精细度”为 5，随后单击“立即生成”按钮，生成结果如图 4.28 所示。选中自己喜欢的图片，单击图片上方的“下载”图标，即可保存图片。

图 4.27

图 4.28

第三步：回到主界面切换到“AI 视频”功能，在左侧操作栏中单击“上传图片”按钮，上传刚保存的图片。在底部输入提示词，如“人物走动起来，嘴巴好像在唱歌”。设置视频模型为“视频 S2.0”，时长和视频比例保持默认，最后单击“生成视频”按钮，生成结果如图 4.29 所示。单击视频右上角的“下载”图标，即可保存视频。

图 4.29

第 5 章　学习助手

DeepSeek 作为学习助手，能够为你提供贴心的学习支持，帮助你在兴趣爱好中找到乐趣与成就感。无论你最近对哪方面的学习感兴趣，或是对哪方面的知识感到困惑，DeepSeek 都能充当一位充满耐心和知识充沛的学习助手，为你提供清晰易懂的指导，让学习过程变得更加轻松愉快。

DeepSeek 不仅能提供基础知识和技巧，还能根据个人需求定制学习计划，激发学习热情。然而，学习的真正价值在于实践与体验，因此在使用 DeepSeek 的同时，建议结合实际操作，让知识转化为技能。通过合理利用 DeepSeek，你可以轻松开启新的学习旅程，享受学习带来的快乐。

5.1 书法入门：书法入门技巧

书法是中国传统文化的瑰宝，入门虽易，但精进需持之以恒。学习书法不仅能陶冶情操，还能锻炼手眼协调能力。DeepSeek 可以为你提供书法入门的技巧和建议，帮助你快速找到学习方向，掌握基本笔画、结构和书写姿势，让你的书法学习之旅更加顺畅。

提示词：**我最近想学习书法，但不知道从哪种字体开始，有什么建议吗？**

DeepSeek：

学习书法是一个非常好的选择，无论年龄大小，都可以从中获得乐趣和成就感。对于初学者，尤其是成年人，选择合适的字体作为起点非常重要。以下是几种常见的书法字体及其特点，供你参考：

1. 楷书

特点：楷书结构严谨，笔画清晰，是最基础的字体之一。它讲究横平竖直，笔画之间的比例和结构非常规范。

推荐理由：楷书是书法的基础，学习楷书可以帮助你掌握书法的基本笔法和结构。很多书法家在初学时都从楷书入手，打好基础后再学习其他字体。

2. 隶书

特点：隶书笔画较为扁平，字形宽扁，横画长而直画短，整体风格古朴、庄重。

推荐理由：隶书相对于楷书来说，笔法较为简单，适合初学者掌握。它的笔画变化较少，容易上手，同时也能让你感受到书法的古朴之美。

3. 行书

特点：行书介于楷书和草书之间，笔画连贯，书写速度较快，字形流畅自然。

推荐理由：如果你觉得楷书过于严谨，想尝试一些更自由的书写方式，行书是一个不错的选择。它既有楷书的规范性，又有草书的流畅感，适合在掌握一定基础后学习。

4. 篆书

特点：篆书是最古老的汉字字体之一，笔画圆润，结构对称，字形古朴典雅。

推荐理由：篆书的笔画较为简单，适合初学者练习笔力和线条的稳定性。不过，篆书的字形与现代汉字差异较大，可能需要更多的时间来熟悉。

5. 草书

特点：草书笔画简省，字形连绵，书写速度极快，艺术性较强。

推荐理由：草书对笔法和结构的要求较高，通常不建议初学者直接学习草书。建议在掌握楷书或行书后再尝试草书。

总结：

· 初学者建议从楷书开始，因为楷书是书法的基础，能够帮助你掌握书法的基本笔法和结构。

· 如果你对古朴的风格感兴趣，也可以从隶书入手。

· 行书和草书则可以在你掌握一定基础后再进行学习。

其他建议：

选择一本适合自己的字帖，并且要坚持练习。如果有条件，可以参加一些书法课程或工作坊，向有经验的老师学习，获得更系统的指导。

提示词：**我决定先从楷书开始学，那我需要准备哪些工具呢？**

DeepSeek：

对于入门学习书法，选择简单实用、易于上手的基础工具非常重要。以下是帮你筛选基础工具清单：

1. 毛笔（1支）

推荐类型：兼毫笔（弹性适中，适合楷书）。

推荐理由：兼毫笔结合了狼毫和羊毫的特点，软硬适中，容易控制，适合楷书的书写，初学者可以选择中号毛笔。

品牌推荐：周虎臣、湖笔、善琏湖笔。

2. 墨汁（1瓶）

推荐类型：现成墨汁（无须磨墨，方便快捷）。

推荐理由：现成墨汁省去了磨墨的时间，适合入门练习。

品牌推荐：一得阁、曹素功等。

3. 练习纸（毛边纸或半生熟宣纸）

推荐类型：毛边纸（经济实惠，适合大量练习）。

推荐理由：毛边纸吸墨性适中，价格便宜，适合初学者日常练习。初学可以选择100张一包的毛边纸。

4. 毛毡（1块）

推荐类型：普通毛毡（大小约50cm×70cm）。

推荐理由：毛毡垫在纸下，防止墨汁渗透到桌面，同时保护桌面。厚度适中即可。

5. 字帖（1本）

推荐类型：楷书经典字帖。

推荐理由：字帖是学习书法的范本，选择经典楷书字帖可以帮助你掌握基本笔法和结构。购买时最好选择带有笔画分解和讲解的字帖。

推荐字帖：

·《颜真卿多宝塔碑》（结构严谨，适合入门）。

·《欧阳询九成宫醴泉铭》（笔画清晰，适合练习基本功）。

6. 小碟子（1个）

推荐类型：普通小碟子（代替砚台）。

推荐理由：使用现成墨汁时，小碟子可以盛放墨汁，方便蘸墨。家中普通的小碟子即可，无须额外购买。

7. 其他：笔架（可选）、镇纸（可选）

总结：基础工具清单

1. 毛笔：1 支中号兼毫笔（20~50 元）。
2. 墨汁：1 瓶一得阁墨汁（10~20 元）。
3. 练习纸：1 包毛边纸（10~20 元）。
4. 毛毡：1 块（10~20 元）。
5. 字帖：1 本楷书字帖（20~30 元）。
6. 小碟子：1 个（家中现有即可）。
7. 其他：笔架（可选）1 个（10 元以内）、镇纸（可选）1 对。

5.2 园艺技巧：如何种植多肉植物

多肉植物因其可爱的外形和简单的养护方式，深受植物爱好者的喜爱。它们不仅能为家居环境增添绿意，还能在照料过程中带来乐趣和成就感。DeepSeek 可以为你提供种植多肉植物的实用技巧，帮助你轻松上手，享受园艺的乐趣。

提示词：**我以前种过一盆玉露，可是它发黄蔫掉了，可能是因为什么？**

DeepSeek：

玉露发黄蔫掉可能是由于以下几个原因造成的，你可以对照一下，看看是否有类似的情况：

1. 浇水过多

原因：玉露属于耐旱植物，浇水过多会导致根部积水，引发烂根，从而导致叶片发黄、蔫掉。

解决方法：浇水要“干透浇透”，即等土壤完全干透后再浇水，避免积水。

2. 光照不足

原因：玉露虽然喜欢半阴环境，但如果长期光照不足，会导致植株徒长，叶片变薄、发黄。

解决方法：将玉露放在有散射光的地方，避免强光直射，但也要保证有足够的光照。

3. 光照过强

原因： 虽然玉露需要光照，但过强的阳光直射会灼伤叶片，导致发黄。

解决方法： 避免将玉露放在阳光直射的地方，尤其是夏季中午的强光。

4. 土壤不透气

原因： 如果土壤透气性差，排水不良，会导致根部缺氧，影响植株健康。

解决方法： 使用透气性好的多肉专用土，或者自己调配砂质土壤。

5. 温度不适

原因： 玉露适宜的生长温度在15~25℃之间，过高或过低的温度都会影响其生长。

解决方法： 保持适宜的温度，避免极端高温或低温环境。

6. 病虫害

原因： 玉露可能会受到病虫害的侵袭，如根腐病、介壳虫等，导致叶片发黄。

解决方法： 定期检查植株，发现病虫害及时处理，可以使用相应的药剂进行防治。

7. 施肥不当

原因： 施肥过多或过少都会影响玉露的生长，过多的肥料会烧伤根部，过少则会导致营养不良。

解决方法： 适量施肥，生长季节每月施一次稀薄的多肉专用肥即可。

提示词：**我平时不太懂花草，家里阳台有点空，想再种些好养活的多肉植物，你能帮我推荐几种适合新手的品种吗？**

DeepSeek：

当然可以！多肉植物以其耐旱、易打理的特点，非常适合新手种植。以下是几种好养活的多肉植物推荐：

1. 胧月

特点： 叶片呈莲座状，颜色从灰绿色到粉紫色不等，非常美观。

养护： 喜欢阳光充足的环境，耐旱性强，浇水要"干透浇透"。

2. 虹之玉

特点： 叶片小巧圆润，光照充足时会变成红色，非常可爱。

养护： 耐旱，喜欢阳光，浇水不宜过多，避免积水。

3. 玉露

特点：叶片晶莹剔透，像玉石一样，适合室内养护。

养护：喜欢半阴环境，避免强光直射，浇水要适量，保持土壤微湿即可。

4. 生石花

特点：外形像小石头，非常独特，适合喜欢新奇植物的朋友。

养护：耐旱性强，浇水要非常少，夏季休眠期几乎不需要浇水。

5. 观音莲

特点：叶片排列成莲座状，耐寒耐热，适应性强。

养护：喜欢阳光充足的环境，浇水要适量，避免积水。

6. 钱串

特点：叶片像一串串铜钱，寓意好，适合摆放在家中。

养护：喜欢阳光，耐旱，浇水要适量，避免积水。

5.3 音乐学习：电子琴入门基础

电子琴是一种简单易学且富有乐趣的乐器，适合初学者入门。它不仅能丰富生活，还能锻炼手指灵活性和大脑协调能力。DeepSeek 可以为你提供电子琴入门的基础知识，帮助你轻松开启音乐之旅。

提示词：**我想开始学电子琴，有没有适合新手的教程推荐？要适合我这个年龄段的（48 岁）。**

DeepSeek：

很高兴你对学习电子琴感兴趣！无论年龄大小，学习音乐都是一件非常有益的事情。以下是一些适合新手的电子琴教程推荐：

1.《成人电子琴教程》

作者：王梅贞

简介：这本书专为成人设计，内容从基础乐理知识到简单的曲目练习，循序渐进，适合零基础的初学者。书中还包含了一些经典的中外名曲，学习过程中不会感到枯燥。

2.《电子琴入门教程》

作者：李未明

简介：这本书适合各个年龄段的初学者，内容涵盖了电子琴的基本操作、指法练习以及简单的乐曲演奏。书中的练习曲目难度适中，适合慢慢练习和掌握。

3.《电子琴自学教程》

作者：刘传

简介：这本书适合自学者，内容详细，涵盖了从基础到进阶的各个方面。书中有大量的练习曲目和技巧讲解，适合慢慢自学。

4.《电子琴经典名曲 100 首》

作者：刘传

简介：这本书收录了 100 首经典的电子琴曲目，适合初学者练习和演奏。通过演奏这些经典曲目，你可以提高自己的演奏技巧，同时也能享受音乐带来的乐趣。

5. 在线视频教程

抖音、视频号上有很多电子琴入门教程和博主，适合初学者。视频教程的好处是可以反复观看，跟着老师的示范一步步学习。你可以搜索“电子琴入门”找到适合自己的系列教程。

提示词：**我想在三个月内零基础入门电子琴参加社区乐团演奏，请你帮我制订一个比较可行的学习和练习计划。**

DeepSeek：

三个月电子琴入门社区乐团演奏计划

总目标：三个月内掌握基础电子琴演奏技巧，能够演奏简单乐曲，参加社区乐团合奏。

阶段一：基础入门（第 1~2 周）

1. 学习内容

认识电子琴：了解电子琴各部分名称和功能，学习基本操作（开关机、音量调节、音色选择等）。

乐理基础：学习五线谱、音符时值、节奏、音阶等基本乐理知识。

基本指法：学习正确的坐姿、手型、指法，进行手指独立性练习。

2. 练习方法

每天练习 30 分钟，从简单的音阶、琶音练习开始，逐渐增加难度。

使用节拍器练习，培养节奏感。

参考教材或视频教程，学习基础乐理和指法。

3. 目标

能够熟练演奏C大调音阶和琶音。

能够识读简单的五线谱。

掌握基本指法，手指灵活性有所提高。

阶段二：简单乐曲演奏（第3~6周）

1. 学习内容

和弦基础：学习和弦构成、和弦进行，练习常用和弦的弹奏。

简单乐曲：选择节奏简单、旋律优美的乐曲进行练习，如《小星星》《欢乐颂》等。

双手配合：练习左右手协调配合，进行简单的双手合奏。

2. 练习方法

每天练习45分钟，重点练习和弦转换和双手配合。

选择自己喜欢的乐曲进行练习，提高学习兴趣。

尝试使用不同的音色和节奏型，丰富演奏效果。

3. 目标

能够熟练演奏3~5首简单乐曲。

能够掌握常用和弦的弹奏和转换。

能够进行简单的双手合奏。

阶段三：乐团合奏准备（第7~12周）

1. 学习内容

乐团合奏技巧：学习如何与其他乐手配合，注意节奏、音量和音色的统一。

乐团曲目练习：选择社区乐团演奏的简单曲目进行练习，如《茉莉花》《友谊地久天长》等。

舞台表演技巧：学习基本的舞台礼仪和表演技巧，克服紧张情绪。

2. 练习方法

每天练习1小时，重点练习乐团曲目和合奏技巧。

参加社区乐团排练，与其他乐手交流学习。

观看乐团演出视频，学习舞台表演技巧。

3. 目标

能够熟练演奏乐团曲目。

能够与其他乐手默契配合，完成合奏。

具备基本的舞台表演能力，自信地参加演出。

针对初学者的建议

1. 注重基础练习：扎实的基本功是学好电子琴的关键，不要忽视音阶、琶音等基础练习。

2. 选择简单易上手的曲目：从简单的乐曲开始练习，逐步提高难度，保持学习兴趣。

3. 保持积极乐观的心态：学习乐器是一个享受音乐的过程，不要给自己太大压力。

4. 找一个老师：一个经验丰富的老师可以为你提供个性化的指导，帮助你更快地进步。

5. 加入学习小组：与其他学习者一起学习和交流，可以互相鼓励，共同进步。

5.4 历史知识：了解明朝的历史故事

明朝是中国历史上一个充满传奇色彩的朝代，从朱元璋的崛起，到郑和下西洋的壮举，再到晚明的繁华与衰落，明朝的故事既波澜壮阔，又引人深思。通过 DeepSeek，你可以轻松了解明朝的历史故事，感受那个时代的风云变幻。

提示词：**最近在看一些历史节目，对明朝很感兴趣，请告诉我明朝是怎么建立起来的。**

DeepSeek：

明朝的建立是一个历经元末社会动荡、农民起义和军事征伐的复杂过程，其核心人物是出身贫寒的朱元璋（明太祖）。以下是基于多份史料梳理的关键脉络：

一、历史背景

元朝末年，蒙古统治者面临严重危机：腐败横行、赋税苛重、自然灾害频发（如黄河泛滥），加上对汉族的歧视政策（如“四等人制”），导致民怨沸腾。1351 年，韩山童、刘福通以“红巾军”名义发动起义，掀起了反元浪潮。朱元璋正是在这一背景下投身起义，逐步崛起。

二、朱元璋的崛起之路

1. 早期经历

朱元璋出身安徽贫农家庭，幼年因饥荒和瘟疫失去家人，一度出家为僧，后因战乱流离。1352 年，他投奔濠州红巾军领袖郭子兴，因作战勇猛渐受重用，娶郭子兴养女马氏（即后来的马皇后）。

2. 势力扩张

郭子兴死后，朱元璋接管其部众，采纳“高筑墙、广积粮、缓称王”策略，低调发展实力。他先后攻占集庆（今南京，1356 年）作为根据地，并击败长江流域两大劲敌。

- **陈友谅**：1363 年鄱阳湖之战中以少胜多，奠定南方霸权。
- **张士诚**：1367 年攻灭其割据的吴政权。

3. 推翻元朝

扫平南方后，朱元璋派徐达、常遇春率军北伐。1368 年攻占元大都（今北京），迫使元顺帝北逃至蒙古草原，元朝在中原的统治终结。

三、明朝的正式建立

- **称帝与定都**：1368 年正月，朱元璋在应天府（南京）称帝，国号“大明”，年号“洪武”。“明”字寓意“光明”，象征驱逐蒙元的黑暗统治。
- **统一全国**：通过持续征伐，到 1387 年平定辽东，明朝基本完成疆域统一。

四、巩固政权的措施

朱元璋在建国后推行多项强化统治的政策：

1. **政治集权**：废除宰相制，六部直接听命于皇帝；设锦衣卫监察百官。
2. **经济恢复**：鼓励垦荒、兴修水利（如治理黄河）、减轻赋税，推动农业复苏。
3. **社会控制**：建立里甲制度管理户籍，严惩贪腐，颁布《大明律》规范社会秩序。
4. **思想文化**：恢复科举取士，推崇儒家思想以巩固统治合法性。

五、历史意义

明朝的建立结束了元朝近百年统治和汉人长期受压制的局面，重建了以汉族为核心的中央集权王朝。其疆域北控内蒙古、西至新疆东部，并通过卫所制度和土司制度管理边疆。尽管后期因腐败灭亡，但明朝初期的发展为“永乐盛世”和郑和下西洋等成就奠定了基础。

提示词：**明朝出了不少名人，我对郑和比较感兴趣，你能给我讲讲他的故事吗？**

DeepSeek：

当然可以！郑和是明朝历史上非常重要的人物，他在政治领域作出了卓越的贡献。下面我为你简要介绍一下他的故事。

郑和（1371—1433 年）

郑和是中国历史上最著名的航海家之一，原姓马，名和，小名三保，云南人。他出生于一个穆斯林家庭，幼年时被明军俘虏，后来成为太监，进入明朝宫廷。由于他聪明能干，得到了明成祖朱棣的赏识。

郑和最为人称道的是他七次下西洋的壮举。从 1405—1433 年，郑和率领庞大的船队，先后七次远航，访问了东南亚、印度、阿拉伯半岛和东非等地区。他的船队规模庞大，每次出航都有数百艘船只和数万名船员，堪称当时世界上最强大的海上力量。

郑和下西洋的目的主要有以下几点。

1. 宣扬国威：明成祖希望通过郑和的远航，向海外诸国展示明朝的强大，巩固明朝的国际地位。

2. 贸易与朝贡：郑和的船队带去了大量的中国商品，与沿途国家进行贸易，同时也带回了许多珍贵的异国物品。

3. 外交与和平：郑和的航行促进了中国与东南亚、南亚、西亚及东非各国的友好关系，避免了战争和冲突。

郑和的航海活动不仅展示了中国古代航海技术的高超，也为后来的海上丝绸之路奠定了基础。他的航行比欧洲大航海时代的哥伦布、达•伽马等人早了近一个世纪。

5.5 手工制作：如何编织围巾

编织围巾不仅是一种温暖的馈赠，更是一场充满乐趣和成就感的手工之旅。无论是为自己增添一份冬日的温暖，还是为家人织就一份贴心的关怀，手工编织的围巾都承载着满满的爱与心意。通过 DeepSeek，你可以轻松掌握从选择材料到完成成品的每一步，让手工制作变得简单又有趣。

提示词：**我想给家人织一条围巾，刚开始学习，你能推荐一些简单又好看的图案吗？**

DeepSeek：

很高兴你开始学习织围巾！对于初学者来说，选择简单又好看的图案非常重要。以下是几种适合初学者的围巾图案推荐：

1. 平针围巾

特点：平针是最基础的针织方法，正反面都是相同的纹理，简单易学。

优点：无须复杂的针法，适合初学者快速上手。

效果：围巾两面都有明显的横向纹理，看起来温暖厚实。

2. 上下针围巾

特点：正面是平滑的“V”形纹理，反面是横向纹理。

优点：简单且经典，适合各种颜色的毛线。

注意：围巾边缘可能会卷曲，可以在边缘加几针平针来减少卷曲。

3. 螺纹针围巾

特点：交替使用上下针，形成有弹性的纵向条纹。

优点：弹性好，适合喜欢有伸缩感的围巾。

效果：围巾看起来有规律的条纹，简洁大方。

4. 篮子编织围巾

特点：通过交替的平针和上下针，形成类似篮子的编织纹理。

优点：图案稍微复杂一点，但效果非常好看，适合想要挑战一点新花样的初学者。

效果：围巾表面有规则的方块纹理，显得很有质感。

5. 麻花针围巾

特点：通过交叉针法形成麻花状的纹理。

优点：虽然看起来复杂，但基础的麻花针并不难掌握，适合想要尝试稍微复杂图案的初学者。

效果：围巾表面上有立体的麻花纹理，显得非常精致。

小贴士

1. 选择合适的毛线

对于初学者来说，选择中等粗细的毛线（如中粗毛线）会更容易操作。

2. 针号选择

根据毛线的粗细选择合适的针号，通常毛线标签上会有推荐针号。

3. 围巾长度

一般围巾的长度在150～180cm之间，宽度在20～30cm之间比较合适。

提示词：**我在编织围巾时，总是容易弄错针数，你有什么好的技巧可以分享吗?**

DeepSeek：

编织时弄错针数是初学者常见的问题，但通过一些技巧和练习，你可以减少这种情况的发生。以下是一些实用的技巧，帮助你在编织围巾时更好地控制针数：

1. 使用记号扣

技巧：在每一行的开头或特定的针数位置放置记号扣，帮助你更容易追踪针数。

好处：记号扣可以提醒你何时增加或减少针数，避免漏针或多针。

2. 定期数针

技巧：每织完几行后，停下来数一数针数，确保没有出错。

好处：及时发现错误，避免错误累积到最后难以纠正。

3. 保持编织环境整洁

技巧：确保编织区域光线充足，毛线和工具摆放整齐，避免干扰。

好处：减少因环境杂乱而导致错误。

4. 分段编织

技巧：将围巾分成若干段，每段织完后检查针数是否正确。

好处：分段检查可以更容易发现和纠正错误。

5. 使用简单的针法

技巧：初学者可以选择简单的针法，如平针或上下针，减少复杂的针法带来的错误。

好处：简单针法更容易掌握，减少出错的机会。

6. 练习基本针法

技巧：在正式编织围巾前，先练习基本针法，熟悉针法的操作。

好处：熟练的基本针法可以减少编织时的错误。

5.6 阅读推荐：适合兴趣阅读的书籍

阅读是一扇通往知识与智慧的窗，也是一场心灵的旅行。无论是闲暇时光的消遣，还是对知识的深度探索，一本好书总能带来无尽的收获。无论是经典文学的重温，还是新书的探索，都值得细细品味。通过 DeepSeek，你可以找到适合自己的阅读方向，无论是历史的厚重、文学的优美，还是生活的智慧，都能在书籍的世界中找到共鸣。

提示词：**我对传统文化很感兴趣，有没有一些关于诗词或古文的书可以推荐？要求字大、内容阅读起来不累。**

DeepSeek：

以下是一些适合你阅读的诗词和古文书籍推荐，这些书籍通常字大、排版清晰，阅读起来较为轻松：

1.《宋词三百首》

推荐理由：宋词是中国文学的另一高峰，这本书收录了宋代著名词人的作品，语言优美，情感丰富。

版本推荐：选择带有注释和赏析的大字版。

2.《古文观止》

推荐理由：这是一本经典的古文选集，收录了从先秦到明代的优秀散文，内容丰富，涵盖了历史、哲学、文学等多个领域。

版本推荐：选择大字版或带有白话翻译的版本，便于理解。

3.《唐宋八大家文选》

推荐理由：这本书收录了唐宋八大家的经典散文，代表了古代散文的最高成就。

版本推荐：选择带有注释和白话翻译的大字版。

4.《〈红楼梦〉诗词赏析》

推荐理由：如果你对《红楼梦》感兴趣，这本书专门收录了书中的诗词，并附有详细的赏析，帮助你更好地理解这些诗词的内涵。

版本推荐：选择大字版或带有注释的版本。

5.《世说新语》

推荐理由：这是一本记录魏晋时期人物言行的笔记小说，内容丰富，语言简洁，充满了智慧和趣味。

版本推荐：选择带有注释和白话翻译的大字版。

6.《中国古代文学名篇鉴赏》

推荐理由：这本书精选了中国古代文学中的名篇佳作，涵盖了诗、词、文、赋等多种文体，适合全面了解古代文学。

版本推荐：选择大字版或带有注释的版本。

提示词：**我最近还想读一些关于自然或旅行的书，有没有适合“云旅行”的书籍推荐？我想要国内的作品。**

DeepSeek：

当然可以！考虑到你的阅读偏好，以下是一些国内作者撰写的含有自然和旅行的书籍推荐，适合你这个年龄段的读者：

1.《文化苦旅》– 余秋雨

推荐理由：余秋雨的这部散文集记录了他对中国各地文化遗迹的探访和思考。书中不仅有对自然风光的描写，还有对历史和文化的深刻洞察，适合喜欢文化和历史旅行的读者。

2.《山居笔记》– 韩少功

推荐理由：这本书是韩少功在山居生活中的随笔集，记录了他对自然、社会和人生的思考。语言优美，思想深刻，适合喜欢宁静生活和哲学思考的读者。

3.《大地上的事情》– 苇岸

推荐理由：苇岸的这部散文集记录了他对自然和生活的观察与思考。语言简洁，情感真挚，适合喜欢自然观察和宁静阅读的读者。

4.《江南三部曲》– 格非

推荐理由：格非的这部小说三部曲以江南水乡为背景，描绘了中国近现代历史的变迁和人性的复杂。语言优美，思想深刻，适合喜欢历史和人性的读者。

5.《草木春秋》– 汪曾祺

推荐理由：汪曾祺的这部散文集记录了他对自然和生活的观察与思考。语言朴实，情感真挚，适合喜欢自然和宁静生活的读者。

5.7 语言学习：零基础学习一门新的语言

学习一门新语言，就像给自己打开一扇新窗户。这不仅能让你结交更多朋友，还能让你在旅行时更加方便。语言学习其实并不难，关键是找到适合自己的方法。DeepSeek 会帮你从最简单的发音和单词开始，一步步掌握这门语言。别担心，跟着 DeepSeek 的建议，你很快就能用新语言交流了。

提示词：我想从零开始学英语，请给我一些入门建议，特别是注重基础发音和日常对话，并希望能给我介绍一些牢记单词的技巧。

DeepSeek：

（深度思考）嗯，用户想从零开始学英语，特别是基础发音和日常对话，还有记单词的技巧。首先，用户可能时间比较紧张，但有明确的学习目标。

基础发音方面，可能需要从音标开始。但直接学音标可能有点枯燥，所以得推荐一些有趣又有效的方法，如使用视频或App，这样视觉和听觉结合更容易记忆。另外，发音规则也很重要，如连读、重音，这些对日常对话有帮助。

日常对话的话，得从实用场景入手，如购物、问路、打招呼。需要简单实用的句子，重复练习。可能推荐一些常用句子的清单，或者情景对话的材料。同时，模仿和跟读练习很重要，可以跟读视频或录音，这样能提高口语和听力。

记单词的技巧方面，传统的死记硬背可能效果不好，尤其是对于成年人。推荐联想记忆、词根词缀，或者结合图像和情境记忆。例如，用闪卡，或者把单词应用到句子中。还有艾宾浩斯遗忘曲线，复习计划很重要，避免学了就忘。

另外，用户可能需要一些学习资源推荐，如适合初学者的教材、App，或者在线课程。得考虑他们可能对科技产品的熟悉程度，推荐一些对用户友好的工具，如多邻国（Duolingo）等。

还要注意学习节奏，建议每天短时间学习，保持持续性。如每天20～30分钟，重点在于坚持。同时，设定小目标，如每周掌握10个单词，5个句子，这样有成就感。

可能用户没提到的深层需求是保持学习动力和自信心，毕竟零基础开始学新语言不容易。所以总结学习计划的结构，分阶段进行，先从发音和基础单词开始，然后逐步加入日常对话，同时不断复习巩固。确保建议具体、可行，适合成年学习者的特点和需求。

学习英语从零开始是一项非常有意义的挑战，以下是一些入门建议和牢记单词的技巧：

一、入门建议

1. 基础发音

学习音标并模仿发音：

国际音标是学习英语发音的基础。掌握音标有助于正确发音。

2. 日常对话

常用句型：

学习一些简单的日常对话句型，如问候、介绍自己、问路、点餐等。

例　如："Hello, how are you ?" "My name is..." "Where is the bathroom ?" 等。

情景对话：

通过情景对话练习，如购物、旅行、看病等常见场景。

3. 学习资源

·《新概念英语》第一册

特点：这是一套经典的英语教材，内容从基础开始，循序渐进，适合零基础学习者。

优点：书中有详细的语法解释、词汇表和练习题，配套的音频可以帮助你练习发音。

使用建议：每天学习一课，先听录音，再跟读，最后做练习题。

·《英语 900 句》

特点：这本书收录了日常生活中最常用的 900 个句子，按场景分类，如问候、购物、问路等。

优点：句子简单实用，适合快速掌握日常对话。

使用建议：每天学习 5~10 个句子，反复朗读并尝试在实际生活中使用。

· 网络资源

网络上有大量的英语学习网站、论坛和应用程序，为初学者提供了丰富的学习资源。例如，多邻国（Duolingo）和扇贝单词等应用程序，通过游戏化学习的方式，让背单词变得有趣且高效。

二、学习工具

1.CD 或 MP3 音频

很多教材（如《新概念英语》）都配有 CD 或 MP3 音频。你可以用 CD 机、MP3 播放器或手机播放音频，跟着录音练习发音和听力。

2. 电子词典

购买一个简单的电子词典（如卡西欧或快译通），输入单词即可查到发音、意思和例句，非常适合零基础学习者。

3. 电视或广播节目

收看或收听一些简单的英语学习节目，如 CCTV 的《希望英语》或国际广播电台的英语教学节目。这些节目语速较慢，内容贴近生活。

三、牢记单词的技巧

1. 多感官记忆法

听：听录音，模仿发音。

说：大声朗读单词和句子。

写：每天抄写新单词和句子，加深记忆。

看：将单词写在便利贴上，贴在家中的物品上（如冰箱、桌子），随时复习。

2. 分类记忆法

将单词按主题分类，记忆更有条理，也更容易联想。例如：

家庭成员：father（爸爸），mother（妈妈），son（儿子），daughter（女儿）

日常用品：cup（杯子），table（桌子），chair（椅子），phone（手机）

食物：apple（苹果），bread（面包），milk（牛奶），rice（米饭）

3. 联想记忆法

将单词与生活中的事物联系起来。例如：

学习“apple”时，想象一个苹果的样子。学习“run”时，想象自己在跑步。

4. 反复复习

每天复习前一天学过的单词，每周进行一次总复习。可以使用单词卡片或笔记本记录新单词，定期翻阅。

四、成人友好型学习方案

1. 微学习时间管理

采用“3 个 5 分钟”策略：

- **起床 5 分钟：**复习前日内容
- **午休 5 分钟：**记忆新单词
- **睡前 5 分钟：**听力输入

2. 错题博物馆

建立发音错误档案本，记录典型错误。例如：

2024.3.5　把 walk/wɔːk/ 读成 work/wɜːrk/

改进方案：对比朗读“Let’s walk to work”

3. 跨文化兴趣联结

选择与你人生阅历相关的内容：

· 观看《The Crown》了解英国王室文化

· 阅读简写版《A Man Called Ove》(讲述中年故事)

· 学唱经典老歌《Yesterday Once More》

五、阶段目标参考

第 1 个月：掌握 48 个音标发音，建立 20 个日常场景基础表达。

第 3 个月：能进行 5 分钟简单自我介绍，听懂慢速日常对话。

第 6 个月：完成 100 小时沉浸学习，掌握 600 核心词汇，实现基础生活交流。

5.8 摄影技巧：如何使用手机拍摄美丽风景

现在手机拍照功能越来越强大，只要掌握一些小技巧，就能拍出很美的照片。不用复杂的设备，也不用专业的相机，拿起手机就能记录生活中的美好瞬间。DeepSeek 会教你简单的参数、构图，让你的照片更有感觉。下次出门，试试用手机拍出不一样的风景吧！

提示词：**我最近对手机摄影很感兴趣，想用手机拍出好看的风景照片，但不太懂技巧。请告诉我，拍摄风景时应该注意哪些简单实用的要点？如怎么选角度或者用光？**

DeepSeek：

（深度思考）嗯，用户刚开始对手机摄影感兴趣，特别是风景摄影。他想知道一些简单实用的技巧，如选角度和用光。首先，我需要考虑他的使用场景。他可能是在旅行、散步或者日常生活中遇到美丽的风景时，想用手机记录下来。作为新手，他可能对复杂的摄影术语不太熟悉，所以需要用通俗易懂的语言来解释。

他的需求很明确：拍出好看的风景照片，但缺乏技巧。可能他没有专业设备，只有手机，所以需要针对手机摄影的特点来提供建议。同时，年龄因素可能意味着他不太熟悉最新的手机摄影功能，如 HDR、专业模式等，所以需要简单说明这些功能的使用方法。

深层需求可能包括： 希望快速上手，不需要太多复杂操作；可能对构图和光线处理不太了解，需要基础指导；可能还希望照片在社交媒体上分享，所以图片的视觉效果和清晰度很重要。此外，他可能没有后期处理的经验，所以需要推荐一些简单的修图工具。

接下来，我需要整理风景摄影的关键点。首先是构图，如三分法、引导线、前景的使用，这些都是基础且容易掌握的技巧。其次是光线，不同时间段的光线特点，如黄金时段和蓝调时刻，这些对风景照片的影响很大。然后是利用手机的功能，如HDR、网格线、曝光调整，这些功能在大多数手机上都有，但新手可能不知道如何开启或使用。

还要考虑角度选择，如低角度拍摄可以增强前景，高角度适合广阔场景。此外，保持稳定和清洁镜头这些细节也很重要，容易被忽视但效果显著。最后是后期调整，简单地调整曝光、对比度、饱和度就能提升照片效果，推荐用户友好的App。

在解释这些要点时，要避免使用专业术语，用举例和类比的方式让他更容易理解。例如，把三分法比喻成把画面分成九宫格，把主体放在交叉点上。黄金时段可以解释为日出日落时的柔和光线，适合拍摄温暖的照片。

还要注意提醒他多尝试不同角度，不要害怕失败，实践是提升的关键。可能他需要鼓励，告诉他即使一开始不理想，多拍多调整就会进步。

最后，总结要点，确保信息条理清晰，方便他记忆和应用。可能需要分点列出，每个要点下有具体的例子或操作步骤，如如何开启网格线、如何调整曝光等。这样他可以在实际拍摄中逐步尝试这些技巧，逐步提升自己的摄影水平。

手机摄影门槛低，但掌握几个关键技巧就能大幅提升风景照质感。以下是针对新手的实用建议，用手机就能轻松实现：

1. 构图技巧

三分法： 想象把你的手机屏幕分成九宫格（可以在相机设置里打开网格线），把重要的东西（如地平线、树、山）放在这些线的交叉点上，这样拍出来的照片会更平衡。

引导线： 找一些自然的线条，如小路、河流或者栏杆，让它们引导你的眼睛看向照片的深处，这样照片会更有层次感。

前景： 在镜头前放点小东西，如一片叶子或者一朵花，这样照片看起来会更有深度。

2. 光线技巧

黄金时间：日出后一小时和日落前一小时的光线最柔和，拍出来的照片颜色很温暖。日落后 20 分钟的天空会变成漂亮的蓝色，这时拍出来的照片也很美。

逆光拍摄：如果太阳在你对面，点击屏幕对焦后，把那个小太阳图标往下拉，这样照片不会太亮，天空的细节也能保留。

HDR 功能：当天空很亮但地面很暗时，打开手机的 HDR 功能（在相机设置里找），这样照片的亮部和暗部都会更清晰。

3. 手机拍摄技巧

擦镜头：拍照前用衣角擦擦镜头，避免照片模糊。

变焦：只用 1x 或 2x 变焦（数字变焦会让照片模糊）。

专业模式：在相机设置里找到专业模式，把 ISO 调到 100 ~ 400，快门速度调到 1/100 秒以上，这样照片会更清晰。

全景模式：竖着拍全景可以拍到更高的建筑或树木。

4. 角度选择

低角度：把手机倒过来，贴近地面拍，可以让小草看起来像森林。

对称构图：找水面倒影或者对称的建筑，让照片看起来更平衡。

仰拍：把手机朝上竖着拍，可以让树木看起来向中心汇聚，很有冲击力。

5. 简单后期处理

Snapseed：用这个 App 的“调整图片”功能，稍微调一下氛围、高光和阴影，让照片看起来更自然。

裁切修正：用旋转功能调平地平线，让照片看起来更整齐。

滤镜：用 VSCO 的 A6 或 A8 滤镜，强度调到 5，这样照片会更有质感。

实际操作案例

当你看到湖面的晚霞时，可以蹲下来，用三分法构图（湖岸线放在下 1/3 处），加一片芦苇当前景，打开 HDR，点击天空对焦后下拉曝光，用 2x 变焦拍摄，后期加 10% 饱和度。

多尝试在不同时间段拍摄，同一场景早中晚各拍一次，很快你就能掌握光线的规律。请记住，好照片 = 好光线 + 简洁构图，手机也能拍出大片！

5.9 烹饪进阶：如何制作精致的甜点

甜点不仅能让人开心，还能给生活增添一份甜蜜。制作甜点并不难，关键在于掌握一些基础技巧和用心去感受食材的魅力。DeepSeek 将带你从简单的材料和工具开始，逐步学会制作各种精致的甜点。无论是经典款，还是温馨的家常小点心，你都能轻松上手。别担心失败，每一次尝试都是一次成长。

提示词：**我家新买了一个烤箱，我还想试试用烤箱做甜点，你有推荐的甜点种类和制作教程吗？**

DeepSeek：

恭喜你新买了烤箱！烤箱是制作甜点的好帮手，可以做出各种美味的甜点。以下是两款适合初学者且非常受欢迎的甜点推荐，以及简单的制作教程：

香草杯子蛋糕

1. 材料

食材	用量	食材	用量
面粉	200g	牛奶	120mL
细砂糖	150g	香草精	1 茶匙
鸡蛋	2 个	泡打粉	1 茶匙
黄油	100g（软化）		

2. 步骤

预热烤箱：将烤箱预热至 180℃（350°F）。

混合黄油和细砂糖：在一个大碗中，将软化的黄油和细砂糖打发至颜色变浅。

加入鸡蛋：逐个加入鸡蛋，每次加入后搅拌均匀。

加入干料：将面粉和泡打粉混合后筛入碗中，轻轻搅拌。

加入牛奶和香草精：倒入牛奶和香草精，搅拌均匀。

烘烤：将面糊倒入杯子蛋糕模具中，约 2/3 满，放入预热好的烤箱中层，烤约 15 ~ 20 分钟，直到表面金黄。

冷却：取出后冷却，可以用奶油霜或水果装饰。

苹果派

1. 材料

食材	用量	食材	用量
苹果	3个（去皮切薄片）	肉桂粉	1茶匙
面粉	200g	柠檬汁	1汤匙
黄油	100g（冷切小块）	冰水	2～3汤匙
细砂糖	100g		

2. 步骤

制作派皮：将面粉和冷黄油块混合，用手指搓成沙粒状，加入冰水，揉成面团，冷藏30分钟。

准备苹果馅：将苹果片、细砂糖、肉桂粉和柠檬汁混合均匀。

组装：将面团擀成圆形，铺在派盘中，倒入苹果馅，再盖上另一片面皮，边缘捏紧。

烘烤：在派皮表面划几道口子，放入预热至190℃（375°F）的烤箱中层，烤约40～45分钟，直到派皮金黄。

冷却：取出后稍微冷却，可以撒上糖粉装饰。

5.10 茶文化体验：如何泡一壶好茶

喝茶是很多人日常生活的一部分，但泡出一壶好茶其实有不少讲究。选对茶叶、掌握合适的水温和泡茶时间，这些小细节都能让茶的味道更好。DeepSeek会教你一些简单的泡茶方法，帮你挑选合适的茶具，还会告诉你怎么保存茶叶，让茶叶保持新鲜。无论是自己喝还是招待客人，泡一壶好茶都能让生活更有滋味。

提示词：**我最近对茶艺很感兴趣，你能给我讲一讲中国茶艺是如何发展的吗？简单明了叙述即可。**

DeepSeek：

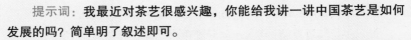

当然可以！中国茶艺的发展历史悠久，大致可以分为以下几个阶段：

1. 起源阶段（先秦至汉朝）

茶的发现：传说神农尝百草时发现了茶，最初茶被用作药用。

饮茶习俗的形成：到了汉朝，茶逐渐从药用转变为饮品，开始在宫廷和贵族中流行。

2. 发展阶段（魏晋南北朝）

茶文化的萌芽：这一时期，饮茶习俗逐渐普及，茶开始进入文人雅士的生活，成为清谈、吟诗的伴侣。

茶的加工：茶叶的加工技术也有所发展，出现了晒干、蒸制等简单的加工方法。

3. 兴盛阶段（唐朝）

茶道的形成：唐朝是茶文化的鼎盛时期，陆羽撰写了《茶经》，这是世界上第一部关于茶的专著，标志着茶道的正式形成。

饮茶方式的多样化：唐朝人开始注重茶的烹煮方式，出现了煎茶法，茶具也逐渐丰富起来。

4. 成熟阶段（宋朝）

点茶的流行：宋朝时期，点茶法（将茶粉放入碗中，用热水冲点）成为主流，茶艺更加精致。

茶艺的普及：茶艺不仅在宫廷和文人中流行，也深入民间，茶馆、茶肆开始出现。

5. 变革阶段（元明清）

散茶的兴起：元朝以后，散茶（即我们今天常见的茶叶）逐渐取代了团茶和饼茶，泡茶法开始流行。

茶具的多样化：明清时期，紫砂壶等茶具的出现，使得泡茶更加讲究，茶艺也更加精细化。

6. 现代阶段（近现代至今）

茶艺的复兴：近现代以来，随着传统文化的复兴，茶艺再次受到重视，各种茶艺表演、茶道培训层出不穷。

国际化的传播：中国茶艺也逐渐走向世界，成为中华文化的重要代表之一。

提示词：**感觉自己泡的茶总是没有茶馆里的好喝，可能是什么原因？你能教我一些泡绿茶的技巧吗？**

DeepSeek：

泡茶确实是一门艺术，尤其是绿茶，因为它的叶片较为娇嫩，稍有不慎就容易影响口感。你泡的茶没有茶馆里的好喝，可能有以下几个原因：

可能的原因：

（1）水质问题。

（2）水温过高。

（3）茶叶用量过多或过少。

（4）冲泡时间过长。

泡绿茶的技巧：

1. 选择优质绿茶

选择新鲜、色泽翠绿、香气清幽的绿茶。优质的茶叶是泡出好茶的基础。

2. 水质和水温

水质：最好使用软水，如山泉水或过滤水。避免使用硬水或自来水。

水温：绿茶适合用 70 ~ 80℃的水温冲泡。可以先将水烧开，然后静置 1~2 分钟，待水温降至适宜温度后再冲泡。

3. 茶叶用量

一般来说，3g 茶叶配 150ml 水是比较合适的比例。可以根据个人口味适当调整茶叶用量。

4. 冲泡时间

绿茶的冲泡时间一般为 1~2 分钟。第一泡可以稍短一些，约 1 分钟，后续每泡可以适当延长 10~20 秒。注意不要长时间浸泡茶叶，以免茶汤变得苦涩。

5. 茶具选择

玻璃杯：适合冲泡绿茶，可以观察茶叶在水中舒展的状态。

白瓷盖碗：适合冲泡多种茶叶，方便控制冲泡时间和观察茶汤颜色。

6. 多次冲泡

优质的绿茶可以多次冲泡，每次冲泡的时间可以逐渐延长。一般来说，绿茶可以冲泡 2~3 次，每次的口感都会有所不同。

小贴士：

预热茶具：在泡茶前先用热水温润茶具，这样可以保持茶汤的温度，避免茶汤过快冷却。

观察茶叶：绿茶冲泡时，可以观察茶叶的舒展情况，茶叶完全舒展开后，茶汤的香气和口感会更好。

5.11 瑜伽入门：基础瑜伽动作的练习方法

瑜伽是一种结合身体、呼吸和心灵的运动方式，适合各个年龄段和身体条件的人。它不仅能帮助缓解身体的紧张和疼痛，还能提升整体健康和心理状态。无论是为了缓解身体不适，还是为了改善身体柔韧性，瑜伽都能提供有效的解决方案。本节将为你介绍基础瑜伽动作的练习方法，帮助初学者从简单的体式开始，逐步掌握瑜伽的精髓，让练习变得轻松且有益。

提示词：**我最近想尝试练习瑜伽，你能详细给我讲讲练习瑜伽的好处吗？**

DeepSeek：

当然可以！以下是一些练习瑜伽的具体益处：

1. 增强柔韧性和关节健康

改善柔韧性：随着年龄增长，肌肉和关节会逐渐变得僵硬。瑜伽的拉伸动作可以帮助放松肌肉，增加关节的活动范围，减少僵硬感。

保护关节：瑜伽的轻柔动作可以润滑关节，缓解关节炎症状，减轻关节疼痛。

2. 提高平衡能力和预防跌倒

随着年龄增长，平衡能力会逐渐下降。瑜伽中的平衡体式（如竖式、战士三式）可以增强核心肌群和腿部力量，改善平衡感，降低跌倒风险。

3. 增强肌肉力量

瑜伽通过自重训练（如平板式、下犬式）可以锻炼全身肌肉，尤其是核心、背部和腿部肌肉。强壮的肌肉有助于保护关节，改善姿势，减少腰背疼痛。

4. 改善心血管健康

某些动态瑜伽（如流瑜伽）可以提高心率，促进血液循环，有助于降低血压和胆固醇水平，对心脏健康有益。

5. 减轻压力和焦虑

瑜伽强调呼吸与动作的配合，能够帮助放松神经系统，减少压力激素（如皮质醇）的分泌。冥想和深呼吸练习也有助于缓解焦虑和改善情绪。

6. 改善睡眠质量

瑜伽的放松技巧（如瑜伽休息术）可以帮助提高睡眠质量，尤其对更年期女性或失眠问题有帮助。

此外，练习瑜伽还有支持骨骼健康、促进消化系统健康、增强呼吸功能、提升心理健康、延缓衰老和增强免疫系统等益处。

练习瑜伽的注意事项：

1. 选择适合的瑜伽类型：建议从温和的瑜伽类型开始，如哈他瑜伽、阴瑜伽或恢复性瑜伽。

2. 循序渐进：不要急于完成高难度体式，从基础动作开始，逐渐增加强度。

3. 注意身体信号：如果感到疼痛或不适，立即停止并调整动作。

4. 咨询医生：如果有慢性疾病（如高血压、心脏病、关节炎）或健康问题，建议在开始练习前咨询医生。

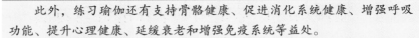

提示词：**我想缓解肩颈疼痛，练习什么瑜伽动作比较有用？我是初学者，动作不要太高难度。**

DeepSeek：

对于缓解肩颈疼痛，瑜伽是非常有效的方式。以下是几个适合初学者的瑜伽动作，专门针对肩颈部位：

1. 猫牛式

作用：放松肩颈和背部，增加脊柱灵活性。

步骤：

· 跪在垫子上，双手撑地，手腕在肩膀下方，膝盖在臀部下方。

· **牛式：**吸气时，抬头挺胸，腹部下沉，肩膀向后打开。

· **猫式：**呼气时，低头拱背，下巴靠近胸部，眼睛看向肚脐。

· 重复 5~10 次，动作缓慢流畅。

2. 婴儿式

作用：放松肩颈和背部，缓解压力。

步骤：

· 跪坐在垫子上，臀部坐在脚后跟上。

· 身体向前折叠，额头触地，双臂向前伸展。

· 保持 5~10 个深呼吸，感受肩颈的放松。

3. 穿针式

作用：拉伸肩部和上背部，缓解紧张。

步骤：

· 从四足跪姿开始（双手撑地，膝盖在臀部下方）。

· 将右手从左手下方穿过，右肩和右脸颊贴地。

· 左手可以保持撑地或向上伸展。

· 保持 5~8 个深呼吸，然后换另一侧。

4. 鹰式手臂

作用：拉伸肩部和上背部，缓解僵硬。

步骤：

· 坐或站姿，双臂向前伸展。

· 将右臂放在左臂下方，弯曲手肘，双手合十或抓住对侧手臂。

· 保持 5~8 个深呼吸，然后换另一侧。

5. 坐姿颈部拉伸

作用：直接放松颈部肌肉。

步骤：

· 坐在垫子上，背部挺直。

·将右手放在左耳上方，轻轻将头向右侧倾斜，感受左侧颈部的拉伸。

· 保持 5~8 个深呼吸，然后换另一侧。

练习建议：

1. **保持呼吸：**每个动作都要配合深呼吸，吸气时延展，呼气时放松。
2. **动作缓慢：**不要急于完成动作，感受身体的拉伸和放松。
3. **每天练习：**每天花 10~15 分钟练习这些动作，效果会更好。
4. **结合视频教学：**如果觉得文字描述不到位，可以搜索网络资源跟练。

这些动作简单易学，适合初学者，能够有效缓解肩颈疼痛。如果疼痛持续或加重，建议咨询医生或专业瑜伽教练。

5.12 兴趣社群：如何加入书法爱好者团体

学习新的爱好，想加入兴趣社团结识一群志同道合的朋友，这无疑是一个极佳的选择。在与同样热爱这项爱好的人的交流中共同进步，还能在团队合作中锻炼自己。无论是书法、绘画、摄影，还是音乐、舞蹈等，找到一起学习进步的人，大家可以一起探索未知的领域，享受学习新知的乐趣。DeepSeek 将聆听你的需求，帮助你快速找到兴趣社群。

提示词：**我想通过书法团体提升自己的书法水平，但是不太清楚他们的活动安排，他们一般会进行哪些活动？我想知道自己是否感兴趣。**

DeepSeek：

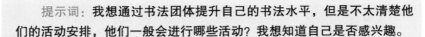

书法团体的活动通常非常丰富，以下是一些常见的书法团体活动安排，你可以根据自己的兴趣选择参与：

书法课程与讲座、书法练习与创作、书法展览与比赛、书法交流与研讨、书法采风与游学、书法公益活动、书法线上活动、书法工具与材料交流、书法与其他艺术结合。

提示词：**我对书法很感兴趣，想加入书法爱好者团体一起学习，你知道怎么样才可以加入吗？**

DeepSeek：

很高兴你对书法感兴趣！加入书法爱好者团体是一个很好的方式，可以提升技能并结识志同道合的朋友。以下是一些建议，帮助你找到并加入合适的书法团体：

1. 本地书法协会或文化中心

文化馆、美术馆：许多城市的文化馆、美术馆或社区中心会定期举办书法课程或活动，你可以通过这些机构了解相关信息。

老年大学：很多城市都有老年大学，提供书法课程，适合参与。

2. 线上书法社群

社交媒体：微信、QQ、微博等平台上有许多书法爱好者群组，你可以通过搜索关键词（如“书法爱好者”）找到相关社群。

书法论坛或网站：一些专门的书法论坛或网站（如“书法屋”）也有活跃的社群，你可以在这些平台上发帖询问或参与讨论。

3. 书法展览和活动

书法展览：参加本地的书法展览或比赛，通常会有书法爱好者聚集，你可以借此机会认识同行并了解相关团体。

书法工作坊：一些书法家或老师会举办短期工作坊，你可以通过参加这些活动结识更多书法爱好者。

4. 书店或文房四宝店

书店：一些大型书店会举办书法讲座或工作坊，你可以关注书店的活动公告。

文房四宝店：这些店铺通常与书法家有联系，你可以向店员咨询是否有相关的书法团体或活动。

5. 朋友推荐

如果你有朋友也对书法感兴趣，可以向他们打听是否有合适的团体或活动推荐。

读书笔记

第 6 章 娱乐助手

在这个信息丰富、娱乐方式多元化的时代，每个人都可以找到适合自己的兴趣和爱好，丰富日常生活，提升生活品质。DeepSeek 能带领你走进丰富多彩的娱乐世界，帮助你在日常生活中找到更多乐趣与放松的方式。无论是获取最新的资讯、享受影视娱乐，还是学习新技能、培养兴趣爱好，科技和资源为你提供了无限的可能性。

本章将带你探索一系列实用且有趣的娱乐活动，从定制个性化新闻日报、查询最新的喜剧电影，到学习广场舞基本动作、下象棋，再到用手机阅读电子书、制作手工相框，甚至是训练小狗、打造阳台小花园，以及春节合家欢游戏推荐。每一项活动都旨在帮助你发现生活中的小乐趣，让每一天都过得更加充实而有意义。

6.1 新闻搜索：定制个性化新闻日报

在信息爆炸的时代，获取精准、有价值的新闻变得尤为重要。定制一份个性化新闻日报不仅能节省时间，还能确保每天都能获取到真正关心的内容。借助 DeepSeek 的联网搜索模式，你可以根据自己的兴趣选择新闻主题，无论是健康养生、本地资讯，还是国际热点，都能轻松掌握。

提示词：**我平时比较关心健康资讯，但手机上的新闻总是乱七八糟的，有没有办法只推送我关心的内容？**

DeepSeek：

你的问题很有实际意义！现在很多新闻 App 确实会推送大量无关内容，影响阅读体验。不过，有几种方法可以帮你更好地获取健康资讯：

1. 使用专业健康类 App：像丁香医生、腾讯医典等 App 专注于健康领域，内容质量较高，且可以根据你的兴趣定制推送。

2. 设置新闻 App 的偏好：在今日头条、网易新闻等综合类 App 中，你可以通过设置“健康”为兴趣标签，减少无关内容的推送。

3. 关注权威账号：在微博、微信公众号等平台，关注一些权威的健康类账号，确保信息来源可靠。

4. 浏览器书签：将你常看的健康网站添加到浏览器书签，定期访问，避免被其他信息干扰。

提示词：**我想更加高效地了解健康、重庆本地民生类资讯，请搜索最新新闻，帮我定制今日的个性化新闻日报。要求挑选 10 条，以快讯形式呈现。**

DeepSeek：

以下是为你定制的 2025 年 2 月 20 日重庆本地民生与健康类新闻日报，共 10 条快讯：

1. 重庆今日持续阴冷，气温 10~12℃

当前湿度达 93%，未来 24 小时无降水，东北风为主，空气质量指数未公布但需关注敏感群体防护。

2. 医疗检验检测能力将全面升级

重庆市发布《检验检测服务业发展规划》，重点提升职业健康检查、疾病预警等能力，推进智慧医疗创新中心建设。

3. 医保“五大行动”覆盖全生命周期

2025 年，重庆医保部门将实施“开源、节流、优支、查打、增智”行动，强化对儿童、老年人及病患群体的保障。

4. 数据交易专区助力医疗创新

重庆探索打造医疗可信数据空间，推动公共数据与健康产业融合，加速智慧健康管理发展。

5. 老年健康服务体系新增医院

2025 年，重庆计划新增老年医院，提高老年医学科比例，并扩大安宁疗护床位至 800 张。

6. 稳增长“30 条”优化民生政策

重庆通过房地产调控、企业纾困等措施筑牢发展根基，促进民生与经济发展“双向奔赴”。

7. 春风行动招聘会提供超万个岗位

北碚区近期举办专场招聘会，涵盖制造业、服务业等领域，助力本地居民“家门口”就业。

8. 青少年游泳赛在綦江开赛

全国青少年游泳U系列比赛（重庆站）启动，由市体育局与綦江区政府联合主办，推动青少年体育发展。

9. 公租房小区专场招聘21日举行

南岸区城南家园将举办春风行动招聘会，涵盖多行业岗位，详情可通过市人社局官网查询。

10. 垫江养老机构改革破局“出行难”

新华网报道垫江推进养老机构“公建民营”改革，优化养老服务并解决社区交通难题。

（注：部分新闻发布日期早于今日，但因政策时效性或活动临近仍纳入参考。）

6.2 影视推荐：查询最新的喜剧电影

在日常生活中，轻松愉快的喜剧电影是许多人放松心情的首选，喜剧片不仅能带来欢笑，也能减轻生活压力。然而，由于时间和信息来源的限制，往往很难快速找到适合自己的电影。通过DeepSeek的影视推荐功能，你可以轻松查询到最新的喜剧电影，了解电影的剧情、评价和适合的观影人群。无论是和家人一起共享欢乐时光，还是自己独享放松时光，DeepSeek都能帮助你迅速找到一部合适的电影，让你的娱乐时光更加丰富和有趣。

提示词：**我想学习如何在网上查找最近上映的喜剧电影，能不能一步一步地教我该怎么做？最好能用手机操作，步骤简单一点，方便理解。**

DeepSeek：

以下是简单易懂的步骤：

打开手机浏览器，如微信、QQ、微博或直接用网速好的浏览器。

1. 搜索喜剧电影

在浏览器中输入“喜剧电影”或“搞笑电影”，点击搜索结果中的热门喜剧电影平台（如B站、猫眼电影、小红书等）。

2. 进入喜剧电影平台

根据搜索结果进入其中一个喜剧电影平台。

3. 筛选最近上映的喜剧电影

在平台的电影列表中，点击“上映日期”或“更新时间”筛选出最近上映的喜剧电影。

如果平台有“类型”筛选功能，可以将“喜剧”作为主要筛选条件。

4. 查看推荐列表

在喜剧电影列表中，点击“更多”或“推荐”按钮，看看是否有更多搞笑、热门的喜剧电影推荐。

5. 观看或收藏

如果喜欢某部喜剧电影，可以点击“收藏”或“关注”（如果平台支持），方便以后观看。

6.3 广场舞学习：学习广场舞基本动作

广场舞已经成为许多朋友日常生活的一部分，它不仅能锻炼身体、增强体质，还能带来与朋友们共舞的乐趣。然而，学习广场舞的基本动作往往需要一定的指导和练习。DeepSeek 可以帮助你快速掌握广场舞的基本动作，通过视频教程和动作分解，你可以随时随地在家里跟着学习。

提示词：**我想学习广场舞基本动作，能不能一步一步地教我一些常见曲目？步骤简单一点。**

DeepSeek：

以下是一步步分解的《奢香夫人》广场舞基本动作，简单易学：

《奢香夫人》广场舞基本动作分解

舞步编号：舞步 1 →舞步 2 →舞步 3 →舞步 4 →舞步 5 →舞步 6 →舞步 7 →舞步 8 →舞步 9 →舞步 10 →舞步 11

舞步 1

起点：双脚并拢，双手自然下垂。

动作：右腿向后弯曲，右脚尖抵住左脚膝盖（类似猫步）。

注意：身体保持放松，右腿稍微弯曲，不要过紧。

舞步 2

动作：双手交叉放在胸前。

注意：双手交叉时，拇指相对，其他手指交错，显得自然。

舞步 3

动作：身体向后仰，右脚抬高。

注意：身体稍微向后倾斜，右脚抬高至腰部附近。

舞步 4

动作：双手向上升起。

注意：双手要完全举起，且自然不要过紧。

舞步 5

动作：身体前倾，左脚向右迈步。

注意：身体前倾时要保持平衡，左脚要用力向右迈步。

舞步 6

动作：双手分开。

注意：双手完全分开，不要交叉。

舞步 7

动作：身体后仰，右脚抬高。

注意：身体后仰时要保持放松，右脚抬高至腰部附近。

舞步 8

动作：双手向上升起。

注意：双手要完全升起，且自然不要过紧。

舞步 9

动作：右脚抬起，双手交叉放在胸前。

注意：右脚抬起时要稳稳地，双手交叉时要自然。

舞步 10

动作：身体前倾，右脚向左迈步。

注意：身体前倾时要保持平衡，右脚要用力向左迈步。

舞步 11

动作：双手自然下垂，完成整个动作。

注意：动作完成后要放松，保持身体自然。

学习小贴士

保持放松：不要求动作完美，慢慢来。

跟着音乐节奏：不要过于用力，保持自然。

多练习：重复几次后会更熟练。

关注广场舞账号：在抖音、快手等平台关注广场舞账号，了解更多经典舞视频。

6.4 棋牌游戏：如何下象棋

象棋是许多用户喜爱的传统棋牌游戏，它不仅能够锻炼大脑、提高思维能力，还能带来与朋友和家人互动的乐趣。如果你是初学者或者想要提升棋艺，DeepSeek 为你提供了便捷的学习途径。无论是基础规则、棋盘布局，还是开局策略和残局技巧，DeepSeek 都能通过互动教学和智能分析帮助你一步步掌握象棋的精髓。

提示词：**我想学习如何下象棋。请问你是否能提供一些简单易懂的步骤或方法，帮助我从零开始学习象棋的基本规则和技巧？最好是那种适合初学者的，能够循序渐进的教学方式。**

DeepSeek：

以下是一个适合初学者的循序渐进的学习步骤，帮助你从零开始掌握象棋的基本规则和技巧：

1. 认识棋盘和棋子

棋盘：象棋棋盘由十条竖线和九条横线交叉组成，中间有一条“河界”将棋盘分为两半。棋盘上有 90 个交叉点，棋子在这些交叉点上移动。

棋子：每方各有 16 个棋子，包括将（帅）、士、象、马、车、炮和兵（卒）。每类棋子都有独特的走法和作用。

2. 掌握棋子的基本走法

将（帅）：每次只能走一步，只能在“九宫格”内移动，不能与对方的将（帅）直接照面。

士：只能在“九宫格”内沿斜线移动，每次一步。

象：走“田”字形，不能越过河界，且不能越过被“塞象眼”的棋子。

马：走“日”字形，如果移动路径上有棋子阻挡（俗称“蹩马腿”），则不能移动。

车：可以沿直线横竖移动，格数不限。

炮：移动方式与车相同，但吃子时需要跳过一颗棋子。

兵（卒）：未过河前只能向前直走一步，过河后可以向前或横向移动，但不能后退。

3. 了解特殊规则

将帅不照面：将（帅）不能与对方的将（帅）直接相对，中间必须有其他棋子或空格隔开。

蹩马腿：马的移动路径上有棋子阻挡时，不能移动。

塞象眼：象的移动路径上有棋子阻挡时，不能移动。

炮的吃子规则：炮吃子时必须跳过一颗棋子。

4. 学习棋盘的要道

肋道：控制肋道可以直接威胁对方将（帅）。

兵林线：控制兵林线可以威胁对方的马和炮。

骑河线、巡河线：控制这些线路可以阻止对方的兵马过河。

5. 掌握基本杀法

双车错：两车交替将军，迫使对方将（帅）无法逃脱。

车马联杀：车和马配合将军，形成致命威胁。

马后炮：马和炮配合将军，对方将（帅）无法躲避。

铁门拴：用车或炮封锁对方将（帅）的退路。

6. 练习与对弈

多练习：通过反复练习，熟悉棋子的走法和基本杀法。

对弈：与不同水平的对手对弈，积累实战经验，逐步提高棋力。

7. 阅读棋谱

学习棋谱：通过阅读棋谱，了解经典对局中的战术和策略，提升自己的棋艺。

8. 循序渐进，逐步提高

开局：学习常见的开局套路，掌握开局的基本原则。

中局：在中局阶段，注重子力的协调和战术的运用。

残局：在残局阶段，学习如何利用有限的子力取得胜利。

6.5 电子书阅读：如何使用手机阅读电子书

随着科技的发展，电子书已经成为现代阅读的一种便捷方式。通过手机或平板电脑阅读电子书，不仅方便携带，还能通过调整字体和背景亮度，保护眼睛，减少阅读疲劳。DeepSeek 为你提供了如何通过手机轻松阅读电子书的指导，从下载和安装电子书应用程序到选择合适的书籍、调整阅读设置等方面，为你解锁全新的阅读体验。

提示词：**我想学习如何使用手机阅读电子书。请问你能否提供一些简单易懂的步骤或方法，帮助我快速掌握电子书阅读的基本操作？**

DeepSeek：

以下是一个适合初学者的循序渐进的学习步骤，帮助你从零开始掌握电子书阅读的基本操作：

1. 打开手机和连接网络

首先，确保你的手机已经开机，并且连接到可用的 Wi-Fi 网络或移动数据网络。如果网络需要密码，请输入正确的密码以确保连接成功。

2. 下载和安装阅读 App

打开手机的应用商店（如苹果的 App Store 或华为应用市场），搜索并下载适合你需求的阅读 App。常见的阅读 App 包括起点中文网、掌阅、Kindle 等。如果你不确定选择哪个 App，可以询问家人或朋友的推荐。

3. 选择和打开阅读内容

安装完成后，打开阅读 App，注册或登录你的账户。根据你的兴趣选择阅读内容，如小说、新闻、杂志等。建议选择字体较大、排版简洁的内容，以便于阅读。

4. 调整手机设置

为了使阅读更加舒适，你可以根据自己的视力情况调整手机的显示设置。例如，调整屏幕亮度、字体大小、行间距等。长时间阅读时，建议每隔一段时间休息一下眼睛，避免疲劳。

5. 分享和交流阅读体验

你可以通过阅读 App 的评论区与其他读者分享和交流阅读体验，或者通过微信、QQ 等社交媒体与亲友分享你正在阅读的书籍或文章。

6. 注意保护个人隐私和安全

在享受手机阅读的便捷时，请注意保护个人隐私和安全。下载阅读内容时，选择正规渠道和可信来源，避免下载带有病毒或不良信息的文件。

6.6 手工 DIY：如何制作手工相框

手工 DIY 活动是很多用户喜欢的休闲方式，既能锻炼动手能力，又能增进创造的乐趣。制作一个手工相框不仅能够保存美好回忆，还能为家庭增添一份温馨的手工艺术品。DeepSeek 将帮助你从选材、设计到完成相框的每个步骤，为你提供详细的教程和技巧，让你无须担心操作难度。通过这些简单易学的步骤，你可以轻松制作出独具个性的相框，感受到创作的成就感。

提示词：**能不能教教我怎么用卡纸做手工相框？讲清楚需要准备哪些材料，制作步骤。最好别用太复杂的工具，步骤详细点。**

DeepSeek：

制作卡纸手工相框可分为五个步骤：

材料准备：硬卡纸（A4 大小）、剪刀、直尺、铅笔、透明胶 / 固体胶、照片。可选透明塑料膜（如文件袋）和装饰贴纸。

1. 测量画框

将照片平铺在卡纸上，用铅笔沿四边外扩 1.5cm 画框线（确保照片放入后有余量）。

2. 裁剪主体

沿外框线剪下卡纸，在四角各画一个边长 2cm 的等腰直角三角形并剪除，形成可折叠的梯形边。

3. 塑形固定

沿照片边缘线向内折出立体边框，用直尺辅助压平折痕。将四角梯形边向背面折叠，用透明胶黏合加固。

4. 照片安装

在相框背面中间贴两条交叉的透明胶（胶面朝外），放入照片后按压固定。若需更换照片，可揭开胶带重复操作。

5. 支架制作

剪一条 5cm 宽卡纸条，对折后形成三角支撑架，用胶黏在相框背面下方 1/3 处。

小提示：

若需防尘，可用剪刀将透明文件袋裁成相框玻璃大小，用固体胶黏在正面边框内侧。完成后可贴彩色纸条或图案装饰边框。

6.7 宠物互动：如何训练小狗

对于许多用户来说，宠物是生活中的重要伴侣。训练小狗不仅能增进与宠物的互动，还能提升它们的生活质量。DeepSeek 将为你提供科学的训练方法，从基础的指令到行为纠正，都能通过简洁易懂的步骤帮助你顺利完成，帮助你与小狗建立更深的感情联结，享受更愉快的宠物生活。

提示词：**请教我一步步学习怎么训练家里的小狗。先从简单的开始，如让小狗听懂名字、不乱跑。最好用容易懂的方法，如用什么奖励它，或者平时要注意什么。麻烦讲得细致一点，一次教一个动作就行。**

DeepSeek：

以下是为你提供的分步骤训练方法：

1. 名字训练阶段

每天用温和语调重复呼唤小狗名字，当它注视你时立即给予食物奖励，每次训练 5 分钟，持续一周。

2. 静坐指令阶段

轻按小狗臀部并说“坐”，保持坐姿 3 秒后奖励零食，每日练习 3 次。

3. 防乱跑训练

使用 1.5m 牵引绳在安静环境散步，当绳子绷紧时立即停步，待小狗回到身边放松牵引再继续行走，配合“跟我走”口令，每次正确跟随给予抚摸奖励。建议每项训练间隔 3 天，每个动作掌握后再进行下一步。

6.8 园艺乐趣：如何打造阳台小花园

随着生活节奏的加快，很多用户开始寻求能够放松身心、增添生活乐趣的方式。园艺活动不仅能带来视觉和精神上的愉悦，还能有效地改善居住环境。尤其是在阳台这样有限的空间中，打造一个小花园，不仅能让家居环境焕然一新，还能提升日常生活的幸福感。

提示词：**怎么在阳台上布置一个小花园？请推荐一些容易养护的花草和简单易得的材料，并详细说明布置步骤。另外，如何合理安排花草**

的位置，打理起来更轻松？

DeepSeek：

打造阳台小花园可分为以下五个步骤，结合易养植物与简便布局方法：

一、材料准备

基础容器：塑料/陶土花盆（直径20cm以上）、悬挂式花篮、废旧木箱（需钻孔排水）。

栽培介质：通用营养土5~10袋（每袋约20L）、陶粒排水层2kg。

工具套装：园艺三件套（小铲、耙、剪）、喷壶、橡胶手套。

结构组件：三层阶梯式花架（建议尺寸80cm×30cm×90cm）、防腐木栅栏（1.2m高）。

二、植物选择（适合长江流域气候）

耐阴区（日均光照<3小时）：绿萝、吊兰、蕨类、虎皮兰。

半日照区（3~5小时）：长寿花、蟹爪兰、君子兰、绣球（无尽夏品种）。

全日照区（5小时）：太阳花、天竺葵、矮牵牛、蓝雪花。

三、空间规划三步法

垂直分层：花架顶层放垂吊植物（如常春藤），中层摆开花植物（天竺葵），底层置耐阴绿植。

动线设计：保留60cm宽通行区，花盆边缘距离走道至少15cm。

功能分区：将阳台划分为种植区（占60%）、休憩区（30%）、工具收纳区（10%）。

四、实操步骤

地面防护：铺设拼接式防腐木地板（尺寸30cm×30cm），接缝处留5mm伸缩缝。

排水系统：花盆底部垫3cm厚陶粒，组合式花箱安装排水管接入阳台地漏。

基质填充：营养土与珍珠岩按4:1混合，每升土掺入5g缓释肥。

定植技巧：植物带原土移栽，填土至距盆沿2cm，浇定根水后阴养3天。

五、养护要点

浇水周期：春秋季3~5天/次（手指插入土中2cm，干燥时浇），夏季早晚各1次（避开叶片）。

施肥方案：3—6月施高磷钾肥（花朵朵2号，1:1000兑水），7—10月改用平衡肥。

越冬防护：11 月至次年 2 月，夜间低于 5℃时搭建简易暖棚（PVC 管 + 塑料膜）。

注意事项：

优先选择抗病性强品种，如蓝雪花、三角梅等；定期旋转花盆（每周 90°）保证均匀受光；利用废旧筷子制作植物名牌方便辨识。建议首年从 3~5 盆开始实践，逐步扩展规模。

6.9 节日活动：春节合家欢游戏推荐

春节是家庭团聚、共享欢乐的时刻，而在这个特别的节日里，合适的游戏能让全家人增添不少互动乐趣。适合不同年龄段的节日活动不仅能活跃气氛，还能拉近亲人之间的距离。无论是桌面游戏还是轻松的室内互动游戏，都能让节日更有趣味和温馨。

提示词：**帮我推荐一些适合家人一起玩的游戏？最好是简单易学、适合全家人参与、能够营造欢乐氛围的游戏。**

DeepSeek：

以下是几款简单易学、适合全家人参与的游戏推荐：

1.《你画我猜》

无须电子设备，用纸笔即可进行，全年龄段均可参与。规则为一人绘画描述特定词汇（如“灯笼”“饺子”），其他成员限时竞猜，答对得分，欢乐互动性强。

2.《超级马力欧派对》（需 Switch 主机）

包含 100 余款体感小游戏，如划船、打地鼠等，操作简单且支持多人同屏，适合家庭协作或竞赛，场景喜庆且充满随机趣味性。

3.《飞行棋》

经典桌游，通过掷骰子前进，规则易懂且支持 2~4 人参与，适合祖孙三代共同游玩，过程中可穿插春节主题惩罚奖励（如表演节目）。

4.《胡闹厨房》（需 PC/ 主机）

最多 4 人合作经营餐厅，通过分工切菜、煮菜完成订单，操作易上手且需默契配合，热闹氛围中增进协作乐趣。

5. 家庭定制版“猜灯谜”

提前准备与春节相关的谜语（如“白白身子圆溜溜，样子像元宝，春节少不了——饺子”），轮流竞猜并颁发小奖品，传承文化又活跃气氛。

读书笔记

第7章 社交助手

社交是生活中不可或缺的部分，它串联起与亲朋好友、邻里伙伴的情谊。但在如今的数字化社交浪潮下，在和亲朋好友社交时，你可能会感到迷茫，如听不懂晚辈的流行语，不知道怎样发布一条吸睛的朋友圈，在微信群发言也害怕失利，想要报名参加老年大学，却对报名的流程一头雾水……

别担心，DeepSeek 能成为你的社交智囊。它会一步步引导你掌握社交技巧，让你在社交场合能更加自信从容地表达自己，成为社交达人。此外，它还能帮助你学习如何与不同年龄段的人有效沟通，理解并使用网络流行语。

7.1 跨龄社交攻略：如何与晚辈拉近距离

在当今的数字化时代，人与人之间的沟通方式已经发生了巨大变化。面对一些新奇的表情包和网络用语，你可能会感到困惑，不知道该如何回应。别担心，DeepSeek 能教你如何解读流行的表情符号、掌握社交媒体的使用方法，并学习如何与晚辈进行有趣的对话，拉近彼此的距离！

提示词：**我今年五十多岁了，在和晚辈交流时，有时候无法准确理解他们在说什么，你能给我提供一些了解网络用语和表情包的方法吗？**

DeepSeek：

（深度思考）好的，用户是一位五十多岁的长辈，想更好地理解晚辈们的交流内容，特别是网络用语和表情包。首先，我需要确定用户的主要需求：理解年轻人的网络用语和表情包。

用户可能不太熟悉这些新潮的东西，所以需要简单易懂地指导。要考虑到他们可能对技术操作不太熟练，所以步骤要详细，避免使用专业术语。另外，他们可能希望与晚辈有更多共同话题，增进沟通，所以内容不仅要实用，还要有互动性。

网络用语部分，要分类整理，如缩写词、谐音梗、新造词，每个类别举一些例子，最好有含义和用法示例。同时，提醒用户注意语境，避免误解，如某些词可能有负面含义。

表情包方面，要解释常见的类型，如动物、明星、影视梗，并教他们如何正确使用，如回应晚辈的消息时选择合适的表情包。可以推荐一些获取途径，如微信表情商店、微博热门等。

学习方法部分，建议用户多观察晚辈的动态，主动询问，使用辅助工具，如网络词典，甚至和晚辈一起创作表情包，增加互动。同时提醒保持开放心态，避免较真，及时更新知识库，因为网络用语变化快。

最后，总结要点，鼓励用户不要怕犯错，多尝试，增进亲子关系。可能需要避免信息过载，分步骤学习，循序渐进。还要考虑用户的安全，提醒注意隐私保护，避免在公共平台泄露个人信息。

理解年轻人的社交语言和网络用语确实需要一些学习和适应，但别担心！通过以下方法，你可以逐步掌握这些“新语言”。

一、网络用语分类速查手册

1. 缩写词（年轻人为了打字快）

缩写	全称	使用场景
xswl	笑死我了	看到搞笑内容时
yygq	阴阳怪气	吐槽别人说话含沙射影
ssfd	瑟瑟发抖	假装害怕或自嘲
zqsg	真情实感	表达自己认真了

2. 谐音梗（读音联想）

栓 Q = Thank you（带吐槽语气）

例句：这天气热到栓 Q！

芭比 Q = 完蛋了（源自烧烤 BBQ 的谐音）

例句：手机掉水里，这下芭比 Q 了！

3. 新造词（结合热点事件）

躺平 = 不想努力，降低欲望

社恐 = 社交恐惧症（自嘲用语）

绝绝子 = 形容事物好到极致（源自综艺节目）

二、表情包使用指南

1. 常见表情包类型

动物类

熊猫头：用于吐槽或夸张情绪。

柴犬 doge：表达无语或魔性笑容。

明星 / 影视类

《甄嬛传》台词“臣妾做不到啊！”用于表达无奈或拒绝。

文字梗图

“我自闭了”“我想开了”（配图罐子或鸡蛋）

2. 如何正确使用表情包

回应夸奖：发“给大佬递茶”表情包

缓解尴尬：发“溜了溜了”熊猫人奔跑图

表达无奈：发“咱也不敢问”配猫狗捂嘴图

3. 表情包获取渠道

微信“表情商店”搜索“热门表情包”

微博搜索“表情包 bot”账号

让晚辈直接给你发常用表情包合集

三、学习方法与技巧

1. 主动观察与提问

当晚辈说“今天又 emo 了”，你可以反问，“emo 是啥？和唱歌的 emo 风格有关吗？”

晚辈发朋友圈时，对不懂的词汇截图问：“这个‘瑞思拜’是啥意思呀？”

2. 实用工具推荐

网络词典：

小鸡词典（App/ 网站）：专门解释网络流行语

百度搜索“×× 梗”或“×× 是什么意思”

视频解说：B 站搜索“网络用语科普”，看 UP 主趣味解读

3. 实战演练

场景模拟：

晚辈说：“这奶茶好喝到跺 jiojio！”

你回应：“确实！这才是 yyds！”（竖起大拇指）

发表情包互动：

晚辈发“笑不活了”，你回一张“笑到满地找头”的熊猫表情。

四、进阶技能：和晚辈一起玩梗

1. 共创家庭梗

把家里的趣事做成专属表情包（例如，用孙子的照片配文“作业写不完啦！”）。

2. 模仿年轻人句式

看到小朋友熬夜，调侃：“你这是要修仙吗？注意发量哦！”

3. 参与他们的娱乐

和晚辈一起看《甄嬛传》鬼畜视频，学经典台词梗。

7.2 朋友圈分享：如何发布朋友圈

朋友圈不仅是人们分享生活点滴、倾诉内心情感、传递个人想法的重要平台，更是人们与亲朋好友保持紧密联系的一扇窗口。通过朋友圈，可以将生活中的美好瞬间、独特感悟，以图文并茂的形式呈现给亲戚、朋友。而现在，有了强大的 DeepSeek 助力，它能根据你的描述生成创意文案，还能帮你挑选合适的发布时间，让你的朋友圈内容更加生动吸引人。

提示词：**我最近和朋友去了一趟三亚，那里的海滩和阳光真是太美了，我们一起吃了海鲜大餐，泡了温泉，我想把拍的照片分享到朋友圈，但不知道怎么撰写文案，请给我一些发布朋友圈的建议。**

DeepSeek：

三亚的阳光、海滩和美食确实让人难忘！以下是一些朋友圈文案建议，供你参考：

如何撰写文案

1. 突出欢乐氛围

“三亚的夏天，阳光、沙滩、海浪，还有最爱的你们！ [照片]”

“和朋友们一起，在三亚的海风中沉醉，在美食中狂欢！ [照片]”

“这个夏天，和你们一起，把快乐写进三亚的海浪里！ [照片]”

2. 强调美食体验

“三亚的海鲜大餐，鲜到掉眉毛！ [照片]”

“吹着海风，吃着海鲜，这才是夏天的正确打开方式！ [照片]”

“一顿海鲜大餐，吃出了三亚的热情！ [照片]”

3. 展现温泉享受

“泡着温泉，看着海景，这才是度假的正确姿势！ [照片]”

“三亚的温泉，洗去一身疲惫，留下满心惬意！ [照片]”

“在温泉的氤氲中，感受三亚的温柔与浪漫！ [照片]”

4. 文艺小清新

“阳光、沙滩、海浪，还有你，这就是我想要的夏天。[照片]”

“海风拂过脸庞，阳光洒满心房，这就是三亚的味道。[照片]”

5. 幽默风趣

“三亚的阳光太热情，差点把我晒成海南鸡饭！ [照片]”

“在三亚，我实现了海鲜自由，也实现了体重自由！ [照片]”

发朋友圈小建议

1. 发布时间

最佳时间段：根据朋友圈的活跃时间，以下几个时间段通常浏览量较高。

早上 7:00—9:00：大家刚起床，刷朋友圈的频率较高。

中午 12:00—13:00：午休时间，很多人会刷手机。

晚上 20:00—22:00：下班后，是大家刷朋友圈的高峰期。

周末：周末大家的空闲时间更多，发朋友圈的互动率也会更高。

2. 增加互动

@ 好友：如果有和朋友一起旅行，可以 @ 他们，增加互动。

定位功能：发布时添加三亚的定位，增加真实感和吸引力。

话题标签：使用热门话题标签，如 # 三亚旅行 # 海滩时光 # 美食打卡，增加曝光。

3. 视频或拼图

短视频：可以剪辑一段 10 ~ 15 秒的短视频，展示海滩、美食、温泉等。

拼图：如果照片很多，可以用拼图软件做成拼图，既节省空间又能展示更多内容。

4. 后续互动

回复评论：发布后及时回复朋友的评论，保持互动，增加帖子的活跃度。

点赞互动：主动给朋友的朋友圈点赞评论，增加互动的可能性。

7.3 老年大学：如何报名老年大学课程

在享受闲暇时光时，许多人都希望能找到新的方式来充实自我，探索从未涉足的兴趣领域，如艺术、园艺或者计算机技能的学习。然而，面对琳琅满目的课程选择和复杂的报名流程，往往感到无从下手。DeepSeek 不仅能够简化寻找和报名参加各类兴趣班的流程，还能提供详细的课程介绍，帮助你根据自己的喜好挑选最适合的课程，轻松开启学习之旅。

提示词：**我马上退休了，想去报名老年大学学习新技能，但我不知道具体有哪些课程，也不知道这些课程都讲什么内容，你能帮我介绍一下吗？**

DeepSeek：

当然可以！老年大学是为退休人士提供丰富精神生活、学习新技能和结交朋友的绝佳平台。以下是老年大学常见的课程类型及其内容简介，供你参考：

1. 健康养生类课程

主要内容：这类课程注重老年人的身心健康，教授养生知识和保健技巧。

具体课程：

太极拳、八段锦、瑜伽：适合喜欢舒缓运动的老年人。

中医基础、按摩保健：学习传统中医理论和实用保健方法。

家庭营养、膳食搭配：了解健康饮食的科学搭配。

2. 艺术文化类课程

主要内容：培养艺术修养，陶冶情操，适合对艺术感兴趣的老年人。

具体课程：

书法、国画、摄影：学习传统艺术和现代摄影技巧。

音乐、合唱、乐器（如二胡、古筝、葫芦丝）：提升音乐素养。

戏曲（如京剧、越剧）：感受传统戏曲的魅力。

3. 科技与生活技能类课程

主要内容：帮助老年人适应现代科技，提升生活便利性。

具体课程：

智能手机操作、电脑应用：学习使用智能设备和常用软件。

摄影后期制作、视频剪辑：掌握现代多媒体技术。

AI 绘画与视频制作：前沿科技课程，适合对新技术感兴趣的老年人。

4. 舞蹈与形体类课程

主要内容：通过舞蹈和形体训练，提升身体协调性和气质。

具体课程：

民族舞、交谊舞、古典舞：适合喜欢舞蹈的老年人。

模特、形体训练：提升仪态和自信。

5. 烹饪与手工类课程

主要内容：学习烹饪技巧和手工艺，丰富日常生活。

具体课程：

中餐、西餐、甜品制作：适合喜欢烹饪的老年人。

面塑、插花、非遗手工：培养动手能力和艺术创造力。

6. 语言与文化类课程

主要内容：提升语言能力和文化素养。

具体课程：

英语基础：适合想学习外语的老年人。

朗诵艺术、走进《诗经》：感受语言和文学的魅力。

提示词：**我对如何报名老年大学不太了解，包括有哪些报名方式，有没有年龄限制或者其他要求，以及报名时需要准备哪些材料？**

DeepSeek：

当然可以！以下是关于报名老年大学的详细信息，包括报名方式、年龄限制、报名材料等，供你参考：

1. 报名方式

线上报名：通过手机 App（如“随申办市民云”）或微信小程序报名。

线下报名：携带身份证等材料到老年大学现场报名。部分老年大学还提供社区学校或居委会的协助报名服务。

2. 年龄限制

一般要求：年龄在 50~75 周岁之间，部分地区放宽至 45~80 周岁。

高龄要求：80 岁以上的老年人可能需要提供体检报告，并由家属签字同意或陪读。

3. 报名条件

健康状况：身体健康，无传染性疾病或重大疾病，能坚持正常学习。

学习能力：具有自主学习能力，无须家人陪伴。

户籍要求：部分老年大学要求报名者为本市户籍或长期居住在当地。

4. 报名材料

身份证明：身份证原件及复印件。

体检报告：部分老年大学对高龄报名者（如80岁以上）要求提供近期体检报告。

其他材料：如退休证明、居住证明等，具体要求可咨询当地老年大学。

5. 报名时间

老年大学的报名时间通常集中在春季和秋季学期，具体时间因地区而异。

春季班：一般在2月至3月报名，3月开学。

秋季班：一般在8月至9月报名，9月开学。

6. 学费与课程

学费：大部分老年大学的学费较低，普通课程每学期100~300元不等，部分课程免费。

课程选择：每名学员通常限报1~2门课程，部分热门课程可能有名额限制。

7. 推荐报名步骤

查询信息：通过当地老年大学官网、公众号或社区公告了解招生信息。

准备材料：提前准备好身份证、体检报告等所需材料。

选择课程：根据兴趣和身体状况选择适合的课程。

完成报名：通过线上或线下方式提交报名材料并缴费。

7.4 邻里互动：如何组织社区活动

在繁忙的生活里，邻里之间的互动显得尤为珍贵。组织一场社区活动不仅能增进邻里之间的情感，还能营造温馨的生活氛围。组织社区活动看似简单，但从确定活动内容到规划流程，再到预算管理，可能都会让你感到无从下手。DeepSeek可以为你提供详细的建议，制定出合理的流程安排，并提供如何筹集和管理活动经费的策略，让组织社区活动更简单！

提示词：**我和朋友想在社区办一场热闹的广场舞活动，但我们不知道该怎么组织，也不知道从哪儿筹集经费，该怎么办？**

DeepSeek：

（深度思考）好的，用户和他们的朋友想在社区组织一场热闹的广场舞活动，但对如何组织和筹集经费感到困惑。我需要仔细分析他们的需求，并给出具体、可行的建议。

首先，用户可能对活动策划完全没有经验，所以需要从头开始指导。他们需要知道活动的各个步骤，包括策划、宣传、执行以及后续的持续发展。同时，经费筹集也是一个关键问题，他们可能担心资金不足，不知道有哪些渠道可以获取资金。

用户的需求可能包括：如何具体组织活动，包括场地、时间、人员安排；如何找到赞助和筹集资金；如何确保活动顺利进行，避免意外情况。此外，他们可能希望活动能长期持续，而不仅仅是一次性的。

需要确保回答结构清晰，分步骤说明，语言简单易懂。可能还需要强调一些实际案例，如如何联系当地企业，如何申请政府补贴，或者如何利用社区资源降低成本。同时，安全问题也不可忽视，如应急预案和现场秩序维护。

另外，用户可能没有考虑到宣传的重要性，所以需要建议多种宣传方式，既有线下也有线上，特别是利用社区现有的微信群或公告栏。同时，可以建议他们邀请本地媒体报道，扩大影响力，吸引更多参与者。

在经费方面，需要更具体的例子，如如何制作赞助方案，如何与商家谈判，或者如何组织居民自筹资金。此外，预算分配需要更详细，可能给出一个具体的预算表示例，让他们更容易操作。

最后，要鼓励用户分阶段实施，先从小规模开始，逐步扩大，并建立长期机制，如成立舞蹈队或协会，定期活动，保持社区活力。

总结起来，回答需要涵盖策划步骤、经费筹集、宣传推广、安全保障、长期规划等方面，结合具体案例和实用技巧，确保用户能够一步步实施，同时解决他们的实际困难。

组织一场社区广场舞活动既能活跃邻里氛围，又能促进健康生活。以下是具体步骤和经费筹集建议，帮助你们高效落地活动：

一、活动策划与分工

1. 明确目标与主题

目标：活跃社区文化、增强邻里交流、推广全民健身。

主题：可结合节日或社区特色，如“舞动金秋 · 和谐社区”“健康邻里节 · 全民广场舞大赛”。

2. 活动流程设计

时间：周末傍晚（18:00—20:00）或节假日下午，避开极端天气。

地点：社区广场、公园空地（需提前向物业或街道办申请场地）。

流程

开场：社区领导致辞＋暖场表演（如儿童舞蹈、合唱团）。

比赛环节：广场舞队伍轮流表演（每队 5~8 分钟）。

互动环节：观众即兴舞蹈、抽奖游戏（如“跟跳赢礼品”）。

颁奖：设置“最佳风采奖”“人气团队奖”等趣味奖项。

闭幕：全体参与者共跳一支经典广场舞（如《小苹果》）。

3. 分工协作

策划组：制定流程、联络场地、协调各方。

宣传组：设计海报、拍摄短视频、在社区群转发活动信息。

后勤组：准备音响、灯光、桌椅、饮水等物资。

安保组：维持秩序、准备急救箱、规划疏散路线。

二、经费筹集方案

1. 低成本启动技巧

借资源：向社区借用音响、桌椅，邀请居民提供手机灯光辅助照明。

众筹参与：每支参赛队要交 20~50 元报名费（用于奖品和基础物资）。

志愿支持：动员社区退休教师、摄影爱好者免费担任主持或摄影师。

2. 拉赞助的核心方法

本地商家合作

实物赞助：超市赞助矿泉水、水果店提供奖品礼盒、药店赠送健康小礼品。

现金赞助：向周边美容院、健身房提议“冠名权”（如“×× 杯广场舞大赛”），赞助 500~2000 元即可在背景板印 LOGO。

政府 / 社区支持

向居委会申请“文化活动专项经费”（许多社区有此类预算）。

联系街道文化站，申请免费提供舞台设备或宣传支持。

3. 预算分配示例（小型活动）

项目	预算	说明
舞台布置	500 元	喷绘、地毯、灯光音响租赁
奖品与证书	800 元	证书 + 保温杯 / 毛巾礼盒
宣传物料	300 元	横幅、手绘海报、打印传单
其他杂费	400 元	矿泉水、应急药品、电池
总计	2000 元	可通过赞助覆盖 70% 以上

三、宣传与执行关键点

1. 宣传策略

线下：在社区公告栏贴手绘海报，联合物业在电梯里放通知。

线上

微信群：发布排练花絮，用“接龙报名”统计参赛队伍。

短视频：拍一段“广场舞阿姨喊话”视频，配热门音乐吸引年轻人围观。

创意互动：设置“最佳服装奖”，鼓励队伍穿统一服装，增强视觉吸引力。

2. 避免踩坑的提醒

提前彩排：活动前 1 天走场，测试音响、灯光和站位。

简化规则：评分标准公开透明（如动作整齐度 30%、创意 30%、观众欢呼声 40%）。

备选方案：准备备用音响、提前联系社区诊所医生待命。

四、活动延伸：让热闹持续

组建社区舞蹈队：通过活动挖掘骨干，定期组织排练和周边社区联谊。

商业变现尝试：优秀队伍可接商演（如商场开业助兴），收益反哺社区活动。

结合公益：联合养老院举办“公益演出”，提升活动的社会价值。

五、参考案例

成都某社区案例：通过拉面馆赞助 500 元 + 物业提供场地，用 200 元布置现场，剩余经费发放奖品，活动后成立了 3 支固定舞蹈队。

创新点子：设置“亲子广场舞环节”，让年轻家庭参与，打破“只有老年人”的刻板印象。

7.5 网络礼仪：如何在微信群礼貌发言

许多人希望通过微信群与家人朋友保持紧密联系，分享生活点滴。然而，有时在群里发言，可能会遇到一些困惑：怎样才能既表达自己的观点又不失礼貌？如何避免无意间转发了不实信息造成的尴尬局面？面对群聊中偶尔出现的误解或冲突，怎样以最恰当的方式回应才是明智之举？ DeepSeek 能帮助你掌握微信社交礼仪，学习在微信群里礼貌发言的窍门，让交流更加轻松愉快！

提示词：我想和邻居们聊聊最近的养生知识，但不知道应该怎么开头才能引起大家的兴趣，又不会让人反感，应该怎么办呢？

DeepSeek：

你可以用轻松自然的方式开启话题，既不会显得突兀，又能引起大家的兴趣。以下是一些建议：

1. 从日常话题切入

天气变化：例如，“最近天气变化挺大的，大家有没有觉得身体有些不适应？我听说这时候特别需要注意养生。”

饮食健康：例如，“最近我在研究一些健康的食谱，感觉对身体挺好的，大家平时有没有什么养生的小妙招？”

2. 分享个人经验

你可以先分享自己的养生小习惯。例如，“我最近开始喝枸杞泡水，感觉精神好多了，你们有没有试过？”或者“我最近在学太极拳，感觉对放松身心挺有帮助的，你们有没有什么喜欢的运动？”

3. 提出开放式问题

例如，你可以询问“最近大家都在讨论养生，你们觉得哪些方法最有效？”或者“我听说现在很多人都在关注中医养生，你们有没有什么推荐的调理方法？”

4. 结合时事或热点

如果最近有养生相关的新闻或热点，可以提到“最近看到新闻说某某养生方法特别火，你们有没有试过？”或者“最近某某专家提到了一种新的养生方式，你们觉得靠谱吗？”

5. 轻松幽默的方式

用幽默的方式开场。例如，“最近感觉自己越来越‘养生’了，连熬夜都不敢了，你们有没有这种感觉？”或者“我发现年纪大了，保温杯里不放点枸杞都不好意思出门了，你们呢？”

6. 关心对方的健康

例如，“最近看你气色不错，是不是有什么养生秘诀呀？”或者“最近天气变化大，你们有没有觉得身体有些不适？我听说这时候特别需要注意调理。”

7. 借助共同兴趣

如果你们有共同的兴趣爱好，如运动、烹饪等，可以从这些方面切入“我最近在学做一些养生汤，你们有没有什么推荐的食材？”

提示词：最近我学了不少养生知识，很想分享在家族群里，可我打字实在太慢了，就想用语音说，但又怕直接发语音会打扰到大家，我该怎么做才合适呢？

DeepSeek：

考虑到你打字慢但又不想打扰到家人，以下是一些既能分享养生知识又不打扰大家的建议：

1. 提前告知

你可以在发语音前，先在群里发一条文字消息。例如：

“最近学了一些养生小知识，想和大家分享，方便的时候可以听听哦！”

“我整理了一些养生小建议，用语音分享给大家，有空可以听听，希望对你们有帮助！”

2. 控制语音时长

语音尽量简短，每条语音控制在1分钟以内，避免过长的语音让人失去耐心。

如果内容较多，可以分段发送，每段语音前加个简短说明。例如，“第一条：关于饮食的养生建议”“第二条：关于睡眠的小技巧”。

3. 选择合适的时间

避免在大家忙碌的时间段（如早上上班前、午休时间或晚上睡觉前）发语音。

可以选择中午或晚饭后的时间，大家相对空闲的时候分享。

4. 提供文字摘要

如果你有时间，可以在语音后附上简单的文字摘要，方便大家快速浏览。例如，“语音总结：一是多吃蔬菜水果，二是每天保持适量运动，三要早睡早起。”

5. 使用语音转文字工具

如果担心语音不方便，可以用语音转文字的工具（如微信自带的语音转文字功能），把内容转换成文字发到群里。

6. 制作图文或短视频

如果条件允许，可以把养生知识整理成图文或短视频，发送到群里。这样既直观又方便大家保存和查看。例如，“我做了个简单的养生小贴士，大家可以看看”。

7.6 正能量互动：创作并分享正能量问候语

在社交平台上，一句温馨的问候语往往能够传递关怀，增进彼此的情感交流，可有时表达起来却困难重重。想在春节给亲戚拜年，话到嘴边却只剩老套的吉祥话；好友生日，满心祝福却不知如何新颖地表达；朋友遇到挫折，想鼓励却不知从何说起。别担心，DeepSeek 都能根据你的使用场景和个人特点，创作出既符合氛围又带有个人特色的问候语。

提示词：我想给生病住院的朋友发送充满正能量的早安问候语，但每天都说“早安”显得太单调了，你能帮我创作一些充满正能量的早安问候语吗？

DeepSeek：

当然可以！为生病住院的朋友发送早安问候时，既要传递温暖和关怀，又要充满正能量，帮助他们保持积极的心态。以下是一些充满正能量的早安问候语：

1. 温馨鼓励风

“早安！新的一天，新的希望，愿你今天的每一刻都充满力量，早日康复！”

“早安！阳光洒满病房，愿你的心情如阳光般灿烂，加油！”

2. 励志正能量风

“早安！勇敢的你，今天也要继续加油！病痛只是暂时的，健康就在前方。”

“早安！你是最坚强的战士，今天的你比昨天更接近康复，加油！”

3. 幽默轻松风

“早安！今天的你像超人一样勇敢，病痛只是小怪兽，很快就会被你打败！”

“早安！新的一天，新的挑战，但别忘了还有新的快乐在等你～加油！”

4. 诗意文艺风

“早安！‘晨光熹微，愿你心如朝阳’，今天的你比昨天更接近康复。”

“早安！‘一日之计在于晨’，愿你抓住每一个美好的瞬间，早日康复！”

5. 结合天气 / 季节风

晴天：“早安！今天的阳光和你一样温暖，愿你的一天充满光芒，早日康复。”

雨天："早安！雨声轻轻，愿你的一天如雨后的空气般清新，早日恢复健康。"

冬天："早安！寒风虽冷，但我的祝福暖暖的，愿你今天比昨天更好！"

6. 小祝福风

"早安！愿你今天遇到的所有事情都顺心如意，早日康复。"

"早安！愿你今天的每一刻都充满微笑，早日恢复健康。"

7. 图文结合风

发送一张阳光洒满窗台的照片，配上文字："早安！愿你的一天如这阳光般灿烂，早日康复。"

发送一张可爱的小动物图片，配上文字："早安！今天也要像这只小猫咪一样活力满满，早日恢复健康哦。"

8. 惊喜风

一段语音："早安！今天也要记得微笑哦，早日康复。"

一个小红包："早安！今天的幸运从这一刻开始，愿你早日康复"。

7.7 幽默互动：创作并分享幽默段子

在日常生活中，幽默是一种极具感染力的调味剂。它不仅能为平淡的日子增添欢乐，还能拉近人与人之间的距离，让社交变得更加轻松愉快。创作和分享幽默段子是一种简单而有效的社交方式，能够帮助人们在聚会、聊天或日常交流中迅速打破僵局，营造轻松的氛围。无论是与老朋友相聚，还是结识新伙伴，幽默段子总能带来欢笑，让每一次交流都充满活力。本节DeepSeek将为你提供一些创作幽默段子的技巧和分享方法，帮助你在社交场合中更加自如地运用幽默，传递快乐。

提示词：**我平时很喜欢和朋友聚会，但有时候不知道怎么逗大家开心。你能教我一些创作幽默段子的小技巧吗？这样我也可以在聚会上讲笑话，让大家更开心。**

DeepSeek：

当然可以！幽默是一种非常棒的社交技能。以下是一些创作幽默段子的小技巧，结合你的年龄和生活经验，可能会更有效：

1. 从日常生活出发

生活中的小事往往是最容易引发共鸣的。你可以从日常的琐事中找到幽默点。例如：

"年纪大了，记性越来越差。昨天我去超市，买了三样东西：牛奶、面包和……第三样是什么来着？"

2. 利用年龄相关的幽默

年龄是一个很好的幽默素材，尤其是自嘲式的幽默，既能让大家笑，又能让人觉得你豁达。例如：

"我现在终于明白为什么老年人喜欢早起了，因为我们已经付不起熬夜的代价了！"

3. 反转和意外

通过设定一个正常的场景，然后在结尾突然反转，制造出人意料的幽默效果。例如：

"我最近开始锻炼身体，结果发现我最大的运动量是从沙发上站起来。"

4. 夸张手法

夸张是幽默的常见手法，通过夸大事实来制造笑点。例如：

"我现在去健身房，教练问我：'你想练什么？'我说：'我想练怎么从椅子上站起来不发出声音。'"

5. 利用生活中的小尴尬

生活中的小尴尬往往能引发大家的笑声，尤其是当你用一种轻松的方式讲述时。例如：

"昨天我去理发，理发师问我：'你想要什么发型？'我说：'年轻十岁的发型。'他说：'那你得先去趟医院。'"

6. 结合时事或流行文化

如果你和朋友都关注一些时事或流行文化，可以结合这些元素来创作段子。例如：

"现在的年轻人都在追星，我们那会儿追的是公交车，追上了还得跑两步才能挤上去。"

7. 互动式幽默

在聚会上，你也可以通过和朋友的互动来制造幽默。例如：

"你们有没有发现，年纪越大，越容易忘记名字？昨天我看到一个老朋友，我拍着他的肩膀说：'老张。'他说：'我姓李。'我说：'我知道，我是在叫你旁边的老张。'"

8. 保持自然和真诚

最重要的是，保持自然和真诚。幽默不是为了取悦别人，而是为了让大家在轻松愉快的氛围中享受聚会。你不必刻意追求每个笑话都好笑，有时候一个简单的微笑或一个轻松的调侃也能让大家感到愉快。

读书笔记

第 8 章 旅行助手

当旅游出行时，选择合适的旅游景点制定详细的旅行攻略，DeepSeek 能为你提供实时的信息和建议。无论是查询公交路线、在线预订酒店，还是准备旅行必需的物品清单，都可以在智能助手的协助下轻松完成。此外，DeepSeek 还为你提供智能导游服务，帮助你深入了解每个景点的历史和文化。通过本章的学习，你将获得全面的旅行保障和便利，使每一次旅行都成为轻松愉快的体验。

8.1 旅游景点推荐：查询适宜出行的国内旅游景点

随着生活节奏的放缓，越来越多的朋友开始注重旅行，享受悠闲的时光。在选择旅游目的地时，合适的景点不仅要满足视觉享受，还应考虑舒适度和安全性。本节将为你推荐一些适合出行的国内旅游景点。这些景点不仅景色宜人，还能提供适合的旅行设施，确保你的出行更加轻松愉快。

提示词：**如何用手机查询适合的国内旅游景点？请推荐一些简单的查询方法，并详细说明操作步骤。另外，能否推荐一些不累人、消费低的景点，以及如何安排行程更轻松？**

DeepSeek：

查询适合出行的国内景点可通过以下三步实现，推荐低强度、高性价比方案：

一、工具选择与操作步骤

1. 微信“搜一搜”

打开微信→点击底部“发现”→选择“搜一搜”→输入景点名称（如“苏州拙政园”“杭州西湖”）→查看官方购票入口、实时游客评价、无障碍设施标注。

推荐景点： 福建土楼（平地游览）、扬州瘦西湖（游船观景）、丽江古城（石板路平缓）。

2. 地图类应用筛选

下载高德地图 / 百度地图→在搜索栏中输入“不爬山景区”→筛选“步

行强度低”标签→查看实景地图判断坡度。

推荐景点：北京颐和园（环湖栈道）、南京玄武湖（电瓶车环线）、桂林两江四湖（夜游船）。

二、行程优化建议

1. 错峰出行设置

在地图应用中查看景点“热力图”，选择非节假日/工作日9:00前或15:00后抵达，避开人流高峰。

2. 交通衔接方案

使用“景区直通车”服务（携程/飞猪可预订），实现“酒店·景区”直达接驳，减少换乘步行。例如，成都宽窄巷子至都江堰、上海人民广场至周庄古镇均提供专线巴士。

三、消费控制技巧

优先选择“城市公园+文化街区”组合，如北京（玉渊潭公园+南锣鼓巷）、西安（大明宫遗址公园+回民街），多数免门票且餐饮集中。

8.2 旅行攻略：制定北京三日游攻略

旅行不仅是享受风景，更是舒适与便利的体验。在规划一场旅行时，合理安排每一天的行程、选择适宜的交通工具和住宿是确保愉快旅程的关键。特别是像北京这样的大城市，丰富的历史文化与现代气息交织，如何在三天的时间里高效游览，既能尽兴又不感到疲惫。本节将为你提供一个详细的北京三日游攻略，帮助你合理安排每一处景点，轻松享受北京之行。

提示词：**能不能教教我怎么制定北京三日游的攻略？需要哪些省力的行程安排，分几步能规划好？最好推荐些交通方便、走路少的经典景点和地道小吃，步骤讲详细些，怎么安排时间不累人？**

DeepSeek：

制定北京三日游攻略可按以下步骤操作，兼顾省力与经典体验：

一、行程规划步骤

1. 确定核心景点

Day1：天安门广场（外观）→故宫博物院（中轴线参观）→景山公园（俯瞰故宫全景）→什刹海胡同游（黄包车代步）。

Day2：颐和园（乘船游览昆明湖）→天坛公园（观光车至祈年殿）→前门大栅栏（晚餐）。

Day3：八达岭长城（缆车往返）→奥林匹克公园（鸟巢/水立方夜景）。

2. 交通安排

使用地铁4号线、1号线串联市区景点（无障碍电梯充足）。

德胜门公交站乘877路直达八达岭，单程约70分钟。

胡同区域租用电动黄包车（约80元/小时，含讲解）。

二、省力细节设计

故宫：提前7天通过官网预约门票，选择“老年票”通道；沿中轴线游览2小时，神武门出口乘观光车至景山公园。

颐和园：新建宫门入园→铜牛码头乘船至石舫→长廊步行300米至乐寿堂，全程平缓。

长城：上午9点前到达缆车入口，仅游览北八楼至北四楼段，11点前返程避峰。

三、地道餐饮推荐

午餐优选：故宫冰窖餐厅（中式简餐）、颐和园听鹂馆（宫廷点心）。

特色体验：前门全聚德烤鸭（16:30错峰用餐）、姚记炒肝店（鼓楼店）。

便携小吃：护国寺小吃驴打滚、吴裕泰茉莉花茶冰淇淋。

四、时间管理建议

每日9:30开始游览，避开早高峰。

景点间预留1小时交通缓冲时间。

午饭后安排1小时茶馆休息（推荐老舍茶馆、京味斋）。

五、必要准备事项

证件：身份证（故宫/长城需刷证）。

装备：折叠凳（故宫排队使用）、防滑运动鞋。

预约：故宫/升旗/长城需提前1～7天预约，避开周一闭馆日。

8.3 交通查询：从家到车站的路线

外出旅行时，如何选择最便捷、舒适的交通方式尤为重要。尤其是在出行前，确定从家到车站的最佳路线，不仅能避免临时慌乱，还能节省时间，减少不必要的麻烦。通过准确的出行路线查询，你可以轻松规划好出行的每一步，确保旅程顺利开始。

提示词：**如何用手机查询从家到车站的公交路线？请推荐一些简单好用的查询方法，详细说明操作步骤。**

DeepSeek：

查询从家到车站的公交路线可通过微信内置功能分四步实现：

1. 启动功能

打开微信→点击右下角“我”→选择“服务”→下滑找到“出行服务”。

2. 设置查询参数

进入“公交地铁”→点击顶部地址栏确认当前城市→点击“搜索框”输入目的地“×× 火车站”→起点默认为当前位置（或手动输入家庭地址）。

3. 获取优化方案

选择“公交优先”标签→优先查看“换乘少”“步行少”的路线（通常标注为“推荐”或“方案 1”）。例如，直达公交或仅 1 次换乘的地铁线路。

4. 规划出行时间

点击具体线路→查看“实时到站”信息（如“3 分钟后到站”）→根据车辆到站时间预留 10 分钟步行至公交站。若需乘坐早班车，同步核对“首班车 6:00，末班车 22:30”等运营时间。

提示词：**我家住在重庆李子坝附近的小区，明早要到重庆北站坐 10:30 出发到北京的高铁，请你帮我推荐换乘少、步行少的出行方案，同时给出如何安排出门时间以避免耽误行程的建议。**

DeepSeek：

从重庆李子坝附近到重庆北站，推荐以下出行方案：

轨道交通 2 号线转 10 号线

1. 步行至李子坝站：从小区步行至轨道交通 2 号线的李子坝站（约 5 ~ 10 分钟，视具体位置而定）。

2. 乘坐 2 号线（较场口方向）：在李子坝站上车，乘坐 2 号线（往较场口方向），在曾家岩站下车（约 5 分钟）。

3. 换乘 10 号线（王家庄方向）：在曾家岩站换乘 10 号线（往王家庄方向），乘坐约 15 分钟，直达重庆北站北广场站。

4. 步行至高铁候车室：重庆北站北广场与高铁候车室连通，从地铁站出站后按照指示牌步行至高铁候车室（约 5 ~ 10 分钟）。

时间安排

出发时间：建议 8:00—8:15 出门（避免早高峰耽误时间）。

行程时间：

步行至李子坝站：5～10 分钟

2 号线（李子坝→曾家岩）：约 5 分钟

换乘 10 号线（曾家岩→重庆北站北广场）：约 15 分钟

步行至高铁候车室：5～10 分钟

总计 30～40 分钟（不含等车时间）。

缓冲时间：

建议提前 1 小时到达车站，即 9:30 前到达重庆北站。

备选方案：打车（减少步行）

如果希望更轻松，可以选择打车前往重庆北站。

打车时间：30～40 分钟（视交通情况而定）。

费用：30～40 元（普通出租车）。

建议出发时间：8:30 前出发，避开早高峰拥堵。

8.4 酒店预订：如何用手机在线预订酒店

在旅行中，选择一个安全、舒适、性价比高的酒店，不仅能让旅行更加轻松愉快，还能节省开支。然而，面对各种酒店信息，如何快速、准确地进行预订，避免不必要的麻烦呢？本节将介绍如何通过在线平台预订酒店，帮助你根据自己的需求、预算选择合适的住宿，为你的旅程增添便利。

提示词：**如何用手机在线预订酒店？请推荐一些简单好用的平台，并详细说明操作步骤，同时给出如何避免订错日期或房型的建议。**

DeepSeek：

在线预订酒店可通过微信分五步完成，推荐选择微信或美团等操作简便的平台，具体流程如下：

一、操作步骤（以微信为例）

1. 进入预订入口

打开微信→点击右下角“我”→选择“服务”→下滑找到“酒店民宿”入口。

2. 填写关键信息

选择日期：点击“入住 / 离店日期”，通过日历精确选择（建议反复核对避免选错）。

输入地点：点击“位置”搜索城市或商圈（如“北京天安门附近”）。

3. 筛选实惠房型

点击“酒店查询”后，使用“价格排序”或“筛选”功能勾选“经济型”“含早餐”等标签，优先查看评分 4.5 分以上且退改政策灵活的选项。

4. 核对预订信息

选定房型后，仔细阅读“房型详情”，确认床型、是否有无障碍设施等。

填写入住人姓名、联系电话（建议提前复制手机号防误输）。

勾选“到店时间”（默认 15:00 后，如需提前入住需联系酒店）。

5. 支付与确认

选择微信支付完成订单，截图保存“预订成功”页面，并关注短信通知（部分酒店 15 分钟内确认房源）。

二、防错技巧

日期双确认：提交前二次核对日期（如“2025 年 3 月 1—3 日”共 2 晚）。

房型对比：同一酒店对比不同房型描述，避免将“大床房”误选为“双床房”。

优惠利用：在美团 App“酒店”频道领取“银发专属折扣”或选择“连住优惠”标签节省费用。

三、备用方案

若微信无合适选项，可安装美团 App→首页点击“酒店”→启用“语音输入”直接说“火车站附近便宜酒店”，通过“地图模式”查看步行距离。

8.5 出行准备：整理旅行必备物品清单

旅行前的物品准备是出行的重要环节，避免遗漏关键物品可以让旅行更加顺利舒心。尤其是在长途旅行中，确保带齐所有必需品，既能避免临时购买的麻烦，也能提高旅行的安全性和舒适度。如何制定一份科学、实用的旅行必备物品清单呢？本节将为你提供详细的准备指南，帮助你有条不紊地整理出旅行所需物品，让你的旅行准备更加高效。

提示词：**我想学习如何整理旅行所需的物品，有没有简单实用的方法可以分享？希望你能详细说明整理的步骤，推荐一些必备物品，尤其是容易买到且能分类收纳的工具。另外，怎么才能避免漏带像身份证、药品这类关键物品？**

DeepSeek：

当然可以！整理旅行物品其实很简单，只要分步骤来，就不会漏掉重要物品。以下是详细的步骤和推荐物品：

第一步：列清单

1. 分类列出物品：把要带的东西分成几类，比如：

证件类：身份证、护照、银行卡、机票 / 车票、酒店预订信息。

药品类：日常药品（降压药、降糖药等）、应急药品（创可贴、止泻药、感冒药等）。

衣物类：根据天气准备衣服、鞋子、帽子、睡衣等。

洗漱类：牙刷、牙膏、毛巾、护肤品、剃须刀等。

电子类：手机、充电器、充电宝、耳机、相机等。

其他：水杯、雨伞、纸巾、零食、老花镜等。

2. 写在纸上或手机上：列好清单后，方便随时核对。

第二步：准备物品

1. 证件和药品优先

把身份证、银行卡等重要证件放在一个固定的钱包或证件夹里。

药品用小药盒分装，贴上标签，注明药品名称和服用时间。

2. 衣物和洗漱用品

根据旅行天数准备衣物，卷起来放可以节省空间。

洗漱用品可以用分装瓶装好，或者直接买旅行套装。

3. 电子设备

充电器、充电宝等用小袋子装好，避免缠绕。如果需要，可以带一个多功能插头。

第三步：分类打包

1. 使用分类收纳袋

推荐购买透明分类收纳袋（网上或超市都能买到），按类别装好物品，方便查看，避免翻找。如证件类、药品类、衣物类、洗漱类各放一个袋子。

2. 行李箱分区

上层放衣物，下层放鞋子和其他重物。侧面小袋放证件、药品等常用物品。

第四步：核对清单

1. 出发前一天核对

对照清单逐一检查，确保没有遗漏。

特别检查身份证、药品、手机充电器等关键物品。

2. 出发当天再检查一次

确认证件、钱包、手机等重要物品随身携带。

推荐物品

1. 分类收纳袋：透明、轻便，容易买到。

2. 小药盒：分格设计，方便携带药品。

3. 折叠水杯：轻便不占地方。

4. 多功能插头：适合为多种电子设备充电。

避免漏带关键物品的小技巧

1. 固定位置存放：身份证、药品等重要物品每次都放在同一个地方，比如随身小包的内层。

2. 提前准备：出发前几天就开始整理，不要临时匆忙收拾。

3. 家人帮忙检查：让家人帮忙核对清单，确保万无一失。

8.6 智能导游：如何利用智能导游获取景点信息

旅行不仅是放松身心，还是了解历史和文化的好时光。智能导游技术的出现，让获取景点信息变得更加便捷、个性化。通过智能设备，你可以随时随地获得景点的详细讲解，避免错过任何精彩的历史与文化细节。在本节中，DeepSeek 将为你介绍如何利用智能导游获取景点信息。

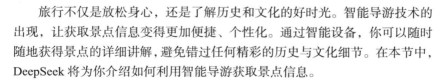

提示词：**我现在在北京旅游，我想知道如何用手机实时收听景点讲解，方便了解其中的故事。希望你能推荐一些操作便捷的平台，并详细说明操作步骤，以及举例快速找到对应景点的讲解内容。**

DeepSeek：

使用手机获取景点语音讲解可通过主流地图类应用或专用导览软件实现。

一、推荐平台及适用场景

1. 百度地图 / 高德地图（适合国内景区）

集成语音导览功能，覆盖全国 90% 以上 4A/5A 级景区，支持 GPS 自动定位触发讲解。

2. 美团 / 携程旅行（适合门票关联讲解）

预订景区门票后自动推送讲解服务，部分景区含免费语音包。

二、操作步骤（以百度地图为例）

1. 启动应用

打开百度地图→点击底部“探索”栏目→选择“语音导览”。

2. 定位景区

在搜索框输入目标景点名称（如故宫博物院）→进入详情页点击“语音讲解”。

3. 使用功能

自动播放：开启定位权限后，靠近景点自动播放讲解（需保持网络连接）。

手动选择：点击地图标注点单独收听指定区域介绍。

离线下载：在景区详情页点击“下载讲解包”避免消耗流量。

三、特色功能对比

步行路线规划：美团 / 携程旅行提供景点串联游览路径，预估全程耗时。

多语言切换：美景听听支持英语等语言，适合海外自由行。

无障碍服务：高德地图提供大字版界面，操作按钮放大 50%。

8.7 国际旅行：办理签证的基本流程

随着越来越多的人选择出国旅行，办理签证已成为出行中的一项重要准备工作。以前签证办理的流程可能比较复杂，但随着数字化时代的发展，许多国家的签证申请已变得更加便捷。在本节中，DeepSeek 将为你详细讲解办理国际旅行签证的基本流程，帮助你了解所需材料、申请步骤及注意事项。

提示词：**我想了解一下办理出国签证的具体流程，希望你能详细说明大致需要分几步完成，以及必须准备哪些材料。如果有简单明了、不用来回奔波的方法，也请一并推荐。**

DeepSeek：

从零办理出国签证可遵循以下步骤：

一、核心流程（五步法）

1. 确认目标国要求

访问该国驻华使领馆官网或拨打咨询电话，明确签证的特殊要求（如澳大利亚、新西兰对65岁以上申请人简化流程，部分国家免除语言证明）。

例如：美国80岁以上可免面试，日本5年签证需5万元存款证明。

2. 准备基础材料

必需文件：

有效期6个月以上的护照原件及复印件；

身份证、户口本复印件（需与原件核对）；

退休证原件及翻译件（若目标国要求）；

近半年银行流水或存款证明（建议5万元以上）；

国际旅行健康证明（指定机构体检，需提前1~2周办理）。

补充材料：

无犯罪记录证明（派出所开具，5个工作日）；

亲属关系证明（若探亲，需公证）；

行程单及酒店预订单（自由行必备）。

3. 填写申请表与预约

从使领馆官网下载最新签证申请表，用黑色签字笔工整填写，贴白底证件照（尺寸按国别要求，通常为35mm×45mm）。

使用官网在线预约系统选择递交时间，避免现场排队（如美国需提前5~7天预约）。

4. 递交材料与面试

将材料按“原件＋复印件＋翻译件”分类装入透明文件袋，建议携带备用照片2张。

面试时简明回答出行目的（如“探望子女”或“旅游”）。

5. 等待结果与取件

通常 5~15 个工作日出结果，可通过使领馆官网查询进度。获批后持回执单领取护照。

二、防遗漏关键文件技巧

1. 分类清单法

制作“证件”“医疗”“财务”三栏清单，每准备一项打钩（如证件栏含护照、身份证、退休证；医疗栏含体检报告、常用药处方）。

2. 代办辅助

选择正规旅行社或签证代办机构（如携程旅行、途牛），由其提供材料清单模板并预审文件，费用约 300~800 元。

3. 材料预存

将护照、退休证等扫描件存入手机云盘（如百度网盘），并打印纸质备份随行李携带，应对材料丢失风险。

三、国别政策提示

澳大利亚 / 新西兰： 65 岁以上申请人可申请 10 年多次签证，需提供子女邀请函及在澳大利亚 / 新西兰资产证明。

日本： 60 岁以上申请 5 年签证需冻结 5 万元存款 3 个月，团队游免部分材料。

美国： 80 岁以上免面试，但需提交行程保险（保额建议 100 万元以上）。

操作建议： 首次办理优先选择签证通过率高的国家（如东南亚），积累信用记录后再申办欧美签证。

8.8 随行翻译：解决旅行中的语言交流障碍

在旅行中，语言往往是最大的障碍之一。无论是问路、点餐，还是与当地人交流，不懂当地语言会让旅行变得困难重重。随行翻译工具可以有效解决这些问题，帮助你更轻松地与当地人沟通，让旅行更加顺畅。DeepSeek 将为你介绍如何选择合适的随行翻译工具，以及如何在旅行中高效使用这些工具，确保你在异国他乡也能无障碍交流。

提示词： 我（55 岁）要去欧洲旅行，但完全不会外语，想找一个方便、准确的翻译软件，你能给我一些建议吗？

DeepSeek：

根据你的需求，我为你推荐以下几款适合出国旅行、操作简单且准确性较高的翻译软件，特别适合像你这样完全不会外语的用户使用：

1. **谷歌翻译**

特点：支持108种语言的文本翻译、90种语言的图像翻译和59种语言的离线翻译。具有实时对话翻译功能，你只需对着手机说话，它就能将你的话翻译成目标语言，并播放出来。

推荐理由：操作简单，功能全面，尤其适合在欧洲多语言环境下使用。离线功能在没有网络时也能派上用场。

2. **腾讯翻译君**

特点：支持多种热门语言（如英语、法语、德语等），提供语音翻译、同声传译、实景AR翻译等功能。界面简洁，无广告。

推荐理由：适合中国用户使用，操作直观，语音翻译反应速度快。

3. **iTranslate**

特点：支持100多种语言的翻译，内置词典和短语手册，提供AR模式实时翻译物体上的文字。

推荐理由：功能丰富，适合需要学习简单短语或翻译标识的用户。

4. **小爱翻译（小米）**

特点：基于小米自研的多语言翻译模型，支持边说边译、边听边译、边看边译，适合实时交流和外文内容翻译。

推荐理由：如果你使用小米手机，这款软件集成度高，操作便捷。

使用建议：

1. **提前下载离线包**：在欧洲旅行时，网络可能不稳定，建议提前下载所需语言的离线翻译包（如谷歌翻译支持离线模式）。

2. **结合拍照翻译**：如果你需要翻译菜单、路牌等文字，可以使用谷歌翻译或腾讯翻译君的拍照翻译功能。

3. **学习简单短语**：虽然翻译软件很方便，但学习一些简单的当地语言短语（如“你好”“谢谢”）会让你的旅行体验更愉快。

提示词：**我想试试腾讯翻译君，你可以教我如何使用吗？步骤要详细一点，要是能提供教学视频资源就更好了。**

DeepSeek:

当然可以！以下是使用腾讯翻译君的详细步骤，帮助你快速上手。虽然没有直接的教学视频资源，但我会尽量用文字描述清楚每一步的操作：

第一步：下载并安装

打开你的手机应用商店（如苹果 App Store 或安卓应用市场），在搜索栏中输入“腾讯翻译君”。找到应用后，点击“下载”或“安装”。安装完成后，点击图标打开应用。

第二步：设置语言

1. 打开腾讯翻译君后，你会看到主界面。

2. 在顶部选择翻译的语言：

左侧选择你的母语（如中文）；右侧选择目标语言（如英语或法语）。

3. 如果需要翻译其他语言，可以点击语言栏进行切换。

第三步：使用语音翻译

1. 点击主界面下方的“语音”按钮。

2. 按住麦克风图标，开始说话。（如“你好”）。

3. 松开麦克风后，软件会自动将你的话翻译成目标语言，并显示在屏幕上。

4. 如果需要听翻译结果，可以点击右下角的“播放”按钮。

第四步：使用拍照翻译

1. 点击主界面下方的“拍照”按钮。

2. 将手机摄像头对准需要翻译的文字（如菜单、路牌等）。

3. 点击拍照按钮，软件会自动识别文字并翻译。

4. 翻译结果会直接显示在屏幕上，你可以点击“播放”按钮听发音。

第五步：使用对话翻译

1. 点击主界面下方的“对话”按钮。

2. 按住麦克风图标，开始说话。

3. 松开麦克风后，软件会翻译你的话并显示在屏幕上。

4. 对方可以按住另一个麦克风图标，用他们的语言回复，软件会实时翻译成中文。

第六步：使用离线翻译

1. 点击主界面右下角的“我的”按钮。

2. 选择“离线翻译包”。

3. 下载你需要的语言包（如英语、法语等）。

4. 下载完成后，即使没有网络，你也可以使用翻译功能。

小贴士

网络连接：语音翻译和拍照翻译需要联网，建议提前购买欧洲当地的流量卡或使用 Wi-Fi。

发音学习：点击翻译结果右下角的“播放”按钮，可以学习正确发音。

常用短语：在“我的”页面中，可以找到“常用短语”功能，提前学习一些简单的旅行用语。

教学视频资源

虽然我无法直接提供视频，但你可以在以下平台搜索相关教程。

B 站（哔哩哔哩）、抖音、快手：搜索“腾讯翻译君使用教程”或“腾讯翻译君教学”。

8.9 景点门票：如何在线购买景点门票

旅行中的排队购票往往既浪费时间又令人疲惫，尤其是在热门景点，长时间排队容易让人感到焦虑。幸运的是，如今通过互联网技术，用户可以提前在线购买景点门票，避免烦琐的现场排队过程。本节将为你介绍如何通过手机或电脑，轻松地完成景点门票的购买，确保你的旅行更加便捷和高效。

提示词：**如何在线购买景点门票？请推荐简单方便的操作方法，说明大致步骤和需要提前准备的证件照片，以及如何避免漏掉身份证等重要信息。**

DeepSeek：

在线购买景点门票可按以下步骤操作，重点信息已标注，并附避免遗漏关键证件的实用建议：

一、操作流程（三步法）

1. 选择购票平台

推荐使用携程旅行、去哪儿旅行等平台（操作界面简单），或直接搜索景区名称 +“官网”进入官方渠道。

注意：认准平台标注的“官方”标识，避免进入非正规网站。

2. 填写个人信息

提前准备好身份证正反面照片、×× 证照片（建议存放在手机相册“证件专用”文件夹）。

在购票页面勾选“×× 票”选项，系统会自动核减费用。

3. 支付与凭证保存

优先选择微信 / 支付宝绑定的储蓄卡支付（避免信用卡复杂操作）。

支付成功后立即截图保存二维码，并将短信验证码转发给同行家人备份。

二、防遗漏关键措施

1. 证件预检清单

出行前检查手机相册是否存有身份证、医保卡（备用）的清晰照片。

将实体证件与手机共同放入随身腰包（建议使用防水防摔证件盒）。

2. 优惠政策核验

拨打景区客服电话（通常在官网底部），直接询问 60 岁以上老人是否需要现场验证老年证。

北京地区景点（如故宫、颐和园）需提前 1~7 天通过官方微信公众号预约，外地老年证同样适用免费政策。

三、应急替代方案

如遇操作困难，可采用：

电话预约：搜索景区官方电话，口述身份证号由工作人员代录系统。

现场绿色通道：所有 4A 级以上景区均设人工窗口，携带证件原件 9:00 前到达可购当日票。

家人协助：将身份证照片微信发送给子女，由其代预约后回传二维码截图。

建议首次操作时，选择颐和园、天坛等有明确老年人购票指引的景区进行演练，熟练后再尝试其他景区。故宫等热门场馆建议提前 7 天通过故宫博物院微信公众号抢票，家人可协助设置闹铃提醒。

8.10 拍照姿势：不同景别的拍摄技巧和姿势建议

旅行中，拍照是记录美好瞬间的重要方式。无论是风景照、人像照，还是纪念照，合适的姿势和拍摄技巧能让照片更具吸引力。DeepSeek 将为你介绍不同场景下的拍照姿势和拍摄技巧，帮助你在旅行中拍出满意的照片。无论是个人留念还是与家人朋友合影，这些技巧都能让你的旅行照片更加生动、自然。

提示词：**我和几个朋友结伴旅行，大家合照的姿势和动作总是很固定，有没有比较自然的 5 人合照姿势可以推荐？**

DeepSeek：

当然有！5 人合照可以有很多自然又有趣的姿势，以下是一些建议：

1. 错落站立

姿势：5 个人可以站成前后两排，前排 2 人，后排 3 人，或者前排 3 人，后排 2 人。前后排之间稍微错开，避免完全对齐。

动作：可以有人手插口袋，有人自然垂手，有人轻轻搭肩，显得轻松随意。

效果：错落的站位让画面更有层次感，避免呆板。

2. 自然行走

姿势：5 个人可以假装在走路，前后稍微拉开一点距离，边走边聊天。

动作：可以有人回头笑，有人看向远方，有人互相搭肩，边走边拍。

效果：这种动态的姿势非常自然，适合户外场景，像是抓拍的瞬间。

3. 坐姿组合

姿势：找一处台阶、长椅或草地，5 个人可以随意坐下，高低错落。

动作：有人可以盘腿坐，有人可以伸直腿，有人可以靠在别人肩上，显得轻松自在。

效果：坐姿合照会显得非常放松，适合在公园、海滩等地方拍摄。

4. 互动姿势

姿势：5 个人可以围成一个小圈，互相搭肩或牵手。

动作：可以一起看向镜头，或者互相看对方，甚至有人可以假装在开玩笑，做出夸张的表情。

效果：这种姿势能体现朋友间的亲密感，画面充满活力。

5. 前后交错

姿势：5 个人可以站成一条斜线，前后交错站立，避免完全排成一条直线。

动作：可以有人侧身，有人正面，有人稍微弯腰，增加画面的动感。

效果：斜线站位让照片更有空间感，适合在宽阔的背景下拍摄。

6. 自然靠拢

姿势：5 个人可以站在一起，稍微靠拢，但不完全对齐。

动作：可以有人把手搭在别人肩上，有人自然垂手，有人稍微侧身，显得轻松随意。

效果：这种姿势适合在室内或狭小空间拍摄，显得亲密但不拘谨。

7. 创意手势

姿势：5 个人可以一起做出一些有趣的手势，比如比心、剪刀手，或者一起指向某个方向。

动作：可以有人夸张一点，有人稍微收敛，形成有趣的对比。

效果：这种姿势适合活泼的朋友群体，增加照片的趣味性。

8. 躺姿或俯拍

姿势：5 个人可以躺在地上，头朝中心，形成一个星形。

动作：可以有人举手，有人比心，或者一起看向镜头。

效果：这种俯拍的角度非常独特，适合在草地或沙滩上拍摄。

9. 背影或侧影

姿势：5 个人可以背对镜头，或者侧身站成一排，看向同一个方向。

动作：可以有人手插口袋，有人自然垂手，有人稍微回头。

效果：这种姿势适合在美丽的风景前拍摄，营造一种神秘感。

10. 利用道具

姿势：5 个人可以拿着一些道具，比如帽子、气球、饮料等，增加互动感。

动作：可以有人举起道具，有人假装递给别人，或者一起举杯庆祝。

效果：道具能让照片更有故事感，适合在旅行中拍摄。

8.11 旅行安全：旅行中如何保护人身财产安全

旅行是放松身心的好机会，但出行时的人身和财产安全尤为重要。随着年纪增长，身体的承受能力和反应速度可能有所下降，因此在旅行中如何预防意外、避免风险成为人们首要关注的问题。DeepSeek 将为你提供一些实用的旅行安全建议，帮助你在旅途中保护自己和家人的安全，确保旅程顺利愉快，让你无忧无虑地享受每一段旅程。

提示词：**旅行时如何保护好自己的钱财和人身安全？请推荐简单实用的方法，重点讲讲如何避免丢失证件、手机等重要物品。**

DeepSeek：

旅行中保障人身与财物安全可遵循以下步骤，重点事项已标注并附实用保管技巧：

一、核心安全防护（四步法）

1. 行前准备

健康评估：出发前 1 周进行体检，确认血压、血糖等指标稳定，慢性病患者需携带医生开具的旅行许可证明。

物品清单：提前列明身份证、医保卡、常用药（分装至便携药盒并标注服用时间）、急救包（含创可贴、消毒棉片等）。

2. 财物保管方案

分散存放：现金分 3 处存放（贴身腰包、行李箱夹层、同行家人处），银行卡与身份证分开携带。

防盗装备：为手机配备防丢挂绳，推荐使用华为 / 小米等品牌（含紧急 SOS 功能）。

3. 行程中防护重点

固定检查机制：每离开一个场所前执行“三查”（查座位 / 餐桌、查卫生间台面、查随身包拉链）。

风险规避：景区排队时背包前置，不用外露口袋存放手机；拒绝陌生人代拍照请求，防趁机盗窃。

4. 健康与应急管理

药物管理：每日用药设定手机闹钟提醒，胰岛素等需冷藏药品使用便携保温盒。

紧急联络卡：制作中英双语卡片，包含血型、过敏史、紧急联系人及保险单号，塑封后悬挂于背包内侧。

二、关键风险规避指南

支付安全：开通微信 / 支付宝“亲属卡”功能，设置单日消费限额（建议不超过 500 元），避免携带大量现金。

证件备份：将身份证、护照首页拍照加密存储至手机备忘录，同时微信传输给 2 位亲属备份。

住宿安全：入住后立即使用便携门阻报警器，贵重物品存入房间保险箱。

三、特殊场景应对

公共交通：地铁 / 公交优先选择车厢中部位置，避免站台边缘候车，双肩包反背至胸前。

景区游览：购买含定位功能的手环。

读书笔记

第 9 章　健康助手

将 DeepSeek 作为健康助手，可以为个人健康管理方面提供全方位的支持，并且能够有效提升健康管理效率和增强科学性，尤其对缺乏专业知识或时间紧张的人群而言，DeepSeek 如同一位 24 小时在线的私人健康顾问，持续守护用户的健康生活。其核心价值主要体现在健康数据监测、个性化方案生成、疾病风险预警、生活习惯优化建议、运动计划制定等多个维度。

在运用 DeepSeek 作为健康助手时需注意：首先应确保个人健康数据隐私安全，避免敏感信息泄露；其次需结合专业医疗建议，不可完全依赖人工智能诊断结果；最后要理性看待健康评分，防止因数据波动引发过度焦虑。此外，饮食方案等个性化建议需根据实际身体状况动态调整，避免机械执行标准化方案。

9.1　查询健康问题：高血压的日常注意事项

DeepSeek 是个管理高血压的好帮手。它用特别的计算方法，根据你的血压和生活习惯，给出个性化的健康建议。它会提醒你注意吃盐的量、做运动和放松心情。DeepSeek 还能分析你的血压变化，提前告诉你可能的风险，还会推荐合适的饮食和放松方法。但记住，这些建议要和你的医生商量，如果血压突然变化，一定要马上联系医生。用好这个工具，能让血压管理更科学、更全面。

提示词：**我有高血压，在平时的生活里我应该注意什么，请给我一些建议。**

DeepSeek:

（深度思考）好的，我现在需要帮用户解答关于高血压患者生活习惯的注意事项。用户已经提供了详细的搜索结果，我需要仔细分析这些信息，然后综合起来给出一个结构清晰、有依据的回答。

首先，用户的问题是关于高血压患者在日常生活中需要注意的事项。我需要从搜索结果中找到相关的建议，并按照不同的方面进行分类，比如饮食、运动、情绪管理等。

看搜索结果，有很多条目。我需要逐一查看每个条目的内容，提取关键点。例如，提到了饮食控制，盐的摄入量不超过 6g，控制血压目标值；提到了生活环境、情绪、营养和运动；有合理饮食、运动、戒烟限酒、情绪稳定、自我管理和及时就医；详细讲了钠盐和钾盐的摄入，控制热量和体重，减少脂肪和胆固醇摄入等。

接下来，我需要将这些信息归类。比如饮食方面，包括低盐、低脂、补充钾和钙，控制热量。运动方面需要适量锻炼，控制体重。情绪管理要保持稳定，避免压力。生活习惯方面要戒烟限酒，定期监测血压，及时就医等。

同时，要注意引用正确的来源。比如，关于盐的摄入量 6g、钾和钙的补充、运动建议、戒烟限酒、情绪管理、体重控制等方面都有涉及。

最后，组织语言时要条理清晰，分点说明。确保回答在 150 字左右，但用户提供的示例回答较长，可能需要适当调整，但根据用户当前的问题，可能允许稍长一些，只要信息准确且引用正确。

高血压患者在日常生活中需重点关注以下方面：

1. 饮食管理

每日盐摄入量应低于 6g，减少腌制食品及高脂肪食物，增加富含钾（如香蕉、菠菜）和钙的食物（如低脂乳制品）。建议采用低钠高钾饮食结构，避免动物内脏等高胆固醇食物。

2. 体重控制

通过合理膳食（每日热量控制在 25 ~ 30kcal/kg 体重）和规律有氧运动（如快走、游泳）维持 BMI 在正常范围，肥胖者建议每周减重 0.5~1kg。

3. 情绪调节

保持心态平和，避免情绪剧烈波动，可通过冥想、深呼吸等方式缓解压力。

4. 生活习惯

严格戒烟限酒，保证充足睡眠并遵循自然作息规律。建议每日开窗通风，保持居住环境空气流通。

5. 健康监测

每周至少测量 1 次血压并记录，若出现持续头晕、视力模糊等症状应及时就医。合并糖尿病或肾病患者需将血压控制在 130/80mmHg 以下。

注：具体用药方案需遵医嘱，上述建议需结合个体健康状况调整。

9.2 视力保护：长时间使用电子产品的护眼方法

保护眼睛很重要，尤其现在人们常看手机、电脑。DeepSeek 会根据你的视力情况和用眼习惯，给你一些建议，比如怎么调整用眼习惯，怎么保护眼睛。

用 DeepSeek 时，你要告诉它你的视力和用眼情况，这样它才能给你更好的建议。它能分析你的用眼习惯，提醒你注意眼睛疲劳和干涩。它还会推荐一些对眼睛好的食物和放松眼睛的方法。不过，这些建议都要和眼科医生的意见结合起来，如果眼睛突然有问题，要立刻去医院。

提示词：**我最近每天都在看手机短视频，有时候感觉眼睛会有点不舒服，请给我一些护眼建议。**

DeepSeek:

（深度思考）好的，我现在需要帮用户解决长时间看手机短视频的护眼建议。首先，用户的问题很明确，就是每天刷短视频，想知道如何保护眼睛。我需要提供建议。

首先，根据搜索结果中提到的信息，提到每 30 ~ 50 分钟休息、热敷按摩、摄取叶黄素；建议调整用眼习惯、增加户外活动；提到环境光线和休息方法；提到护眼手指操；强调合理用眼、环境和饮食；同时涉及最新建议，比如屏幕设置。

需要将这些信息综合成自然流畅的建议。例如，结合休息时间、环境光线、距离控制、饮食补充、眼部锻炼等。注意：用户主要看短视频，可能长时间近距离用眼，所以强调 20-20-20 法则，调整屏幕亮度和角度，避免躺着看手机，补充营养，以及定期休息和运动。

还要确保建议实用，比如具体提到食物类型、按摩方法，以及使用护眼模式。避免使用专业术语，保持口语化。检查是否有重复或冲突的信息，比如不同来源的休息时间（30 分钟或 20 分钟），可能需要统一成常见的 20-20-20 法则。最后确保建议结构清晰，分点列出，方便用户理解和执行。

针对你长时间观看手机短视频的情况，以下是一些实用的护眼建议：

1. 定时休息

每观看 20 分钟，抬头眺望 6 米外的景物 20 秒，每小时闭眼转动眼球或做眼保健操放松睫状肌。

2. 调整屏幕设置

开启护眼模式并将屏幕调至暖色调，保持亮度与环境光线协调，避免在黑暗环境中使用手机。

3. 保持正确姿势

眼睛与屏幕距离30～40cm，屏幕位置略低于视线水平，避免躺着或走路时观看。

4. 补充眼部营养

多食用深绿色蔬菜（如菠菜）、黄色水果和鱼类，帮助补充叶黄素和维生素。

5. 主动护理

用热毛巾敷眼促进血液循环，有意识增加眨眼频率，若眼睛干涩可使用人工泪液缓解。

6. 增加户外活动

每天保证1～2小时户外时间，阳光中的自然光有助于调节眼睛焦距，乒乓球等运动能锻炼眼部肌肉。

若出现持续眼疲劳或视力模糊，建议及时进行专业眼科检查。通过科学用眼习惯结合日常护理，能有效降低视疲劳和近视加深的风险。

9.3 健康食谱：适合糖尿病患者的食谱

保持健康饮食非常重要，特别是对于糖尿病患者。DeepSeek能帮助你制定合适的饮食计划。它会根据你的健康状况和饮食习惯，给你一些建议，比如哪些食物对控制血糖有好处，如何搭配膳食。

使用DeepSeek时，你需要提供你的健康状况和饮食偏好，这样它才能为你提供更有针对性的建议。它能分析你的饮食习惯，提醒你注意营养均衡和血糖控制。它还会推荐一些有助于稳定血糖的食物和食谱。不过，这些建议都要和你的医生或营养师的意见结合起来，如果身体状况有变化，要立刻咨询专业人士。

提示词：**我年纪大了还有糖尿病，吃东西得小心。能推荐些适合我的食谱吗？哪些食物能帮助控制血糖？教教我怎么做。**

DeepSeek:

（深度思考）好的，我现在需要帮助一位有糖尿病的人推荐适合的食谱，同时还要考虑控制血糖的需求。首先，我得回想一下糖尿病饮食的基本原则。糖尿病患者需要控制碳水化合物的摄入，尤其是精制糖和简单碳水化合物，应该多摄入高纤维、低升糖指数（GI）的食物，以及适量的蛋白质和健康脂肪。

首先，主食方面，应该推荐全谷物和杂粮，比如燕麦、糙米、藜麦、荞麦等，这些食物的GI值较低，有助于缓慢释放血糖。避免白米饭、白面包等精制碳水。

蛋白质来源可以选择瘦肉、鱼类（特别是富含Omega-3的鱼类，如三文鱼、鲭鱼）、豆类、豆腐等。豆类不仅提供蛋白质，还含有丰富的膳食纤维，有助于控制血糖。

蔬菜方面，非淀粉类蔬菜是首选，如菠菜、西兰花、黄瓜、西红柿、芹菜、芦笋等，这些蔬菜纤维含量高，热量低。需要控制淀粉类蔬菜如土豆、玉米的摄入量，如果食用，应计入主食部分。

水果方面，选择低GI的水果，如苹果、梨、莓类（草莓、蓝莓）、柑橘类，但要控制分量，因为果汁去除了纤维，糖分吸收更快。

健康脂肪方面，推荐橄榄油、牛油果、坚果和种子，但要适量，因为热量较高。

烹饪方法宜采用蒸、煮、炖、烤，避免油炸和煎炒。调味方面，减少盐的使用，可以用香草、香料、柠檬汁等增加风味。

需要提醒用户定时定量进餐，避免暴饮暴食，保持饮食规律。同时，注意监测血糖变化，根据医生或营养师的建议调整饮食。

可能还需要注意食物的搭配，比如搭配蛋白质和脂肪可以延缓碳水化合物的吸收，降低血糖波动。此外，足够的水分摄入也很重要，但避免含糖饮料。

最后，确保食谱多样化，避免单调，这样更容易长期坚持。如果有条件，可以咨询专业的营养师制定个性化饮食计划。

以下是适合糖尿病患者的饮食建议及简单食谱，兼顾控糖和营养均衡：

1. 饮食原则

低升糖主食：用糙米、燕麦、藜麦替代白米饭，每餐不超过半碗（净重约50g）。

高纤维蔬菜：每餐保证200g绿叶菜（菠菜、油菜等），搭配菌菇、豆类。

优质蛋白质：每天 1 个鸡蛋 +100g 鱼肉 / 鸡肉 / 豆腐。

健康脂肪：每天 1 小把坚果（约 15g），烹饪用橄榄油。

少食多餐：3 顿正餐 +2 次加餐（如上午 10 点、下午 3 点）。

2. 推荐控糖食材

明星食材：苦瓜（含苦瓜苷）、秋葵（黏液延缓糖分吸收）、莜麦（β-葡聚糖）。

超级食物：奇亚籽（泡水膨胀增加饱腹感）、亚麻籽粉（富含 Omega-3）。

3. 简单食谱示例

早餐：秋葵蒸蛋羹

2 个鸡蛋加温水打散，过滤后倒入碗中；

3 根秋葵切片铺在蛋液上；

水开后蒸 8 分钟，淋少许生抽 + 香油。

午餐：杂粮饭 + 清蒸鲈鱼

糙米 + 薏仁（3:1）提前浸泡 2 小时，煮熟；

鲈鱼片加姜丝、料酒蒸 10 分钟。

配菜：凉拌木耳菠菜（焯水后加蒜末、醋）。

加餐：控糖奶昔

100 mL 无糖酸奶 +5 颗蓝莓 +1 勺亚麻籽粉，搅拌均匀。

晚餐：魔芋炒时蔬

魔芋结焯水去碱味；

热锅少油爆香蒜片，先炒胡萝卜片；

加入魔芋、西兰花翻炒，盐 + 胡椒粉调味。

4. 烹饪技巧

先吃菜再吃肉最后吃饭：延缓血糖上升。

醋的使用：凉拌菜加 1 勺醋，帮助稳定餐后血糖。

食材预处理：土豆、胡萝卜等根茎类先焯水再炒，减少吸油量。

5. 慎吃清单

糊化食物：粥类、土豆泥。

隐形糖食物：番茄酱、加工肉丸。

高糖水果：荔枝、龙眼、榴梿。

建议每周监测 2 ~ 3 次餐后 2 小时血糖，根据血糖变化调整饮食。可尝试在餐后 30 分钟进行温和运动（如靠墙静蹲）帮助控糖。

9.4 食品安全：如何辨别和避免食物中毒

食品安全很重要，DeepSeek 会根据你的饮食习惯，给你一些建议，比如怎么挑选安全食品，怎么储存食物。

使用 DeepSeek 时，你要告诉它你的饮食习惯，这样它才能给你更有用的建议。它能分析你选择的食物，提醒你注意可能引起中毒的风险。它还会告诉你一些食品安全的知识和预防食物中毒的方法。不过，如果出现食物中毒症状，要立刻去医院。

提示词：**我家之前买的一袋土豆都发芽了，还能吃吗？给我讲讲怎么分辨生活中常见的食材有没有毒，怎么防止食物中毒吧。**

DeepSeek:

食物安全防护指南

1. 发芽食材处置

土豆处理：

芽眼超 3 个或表皮发绿应丢弃；

轻微发芽需切除芽周 2cm 厚并去皮。

红薯处理：

表面黑斑超过硬币大小不可食用；

霉变部分蔓延整根需扔掉。

2. 高危食物识别

霉变食品：

花生 / 玉米出现黄曲霉（绿毛）立即丢弃；

水果整体超过 1/3 腐烂停止食用。

有毒植物：

野生蘑菇不采摘（超九成有毒）；

苦味葫芦瓜含葫芦素禁止食用。

3. 加工防护措施

食材预处理：

四季豆煮沸 10 分钟破坏毒素；

鲜黄花菜焯水 5 分钟去秋水仙碱。

存储规范：

冰箱冷藏室保持 4℃以下；

熟食存放不超过3天。

4. 中毒应急处理

初步处置：

立即催吐（饮温盐水500ml）；

保留可疑食物样本。

就医指征：

腹泻超3次/天；

出现视物模糊症状。

5. 其他

建议厨房备食品温度计，肉类烹饪中心温度需达75℃；

木耳泡发不超过2小时，冰箱解冻食材需放置冷藏室；

定期检查米面防米酵菌酸污染，开封调料建议3个月内用完；

砧板做到生熟分离，每周用沸水烫洗消毒。

9.5 药物安全：药物如何正确存放

药物的正确存放是确保其安全性和有效性的关键环节。无论是日常用药还是备用药品，合理的存放方式不仅能保证药物的药效，还能保障用药安全。你只要提供你的药物信息和存放条件，DeepSeek便能为你详细介绍药物存放的基本原则、不同药物的存放要求，以及如何通过简单的方法确保药物始终处于最佳状态。掌握这些知识，能让你在日常生活中更加安心地使用药物。

提示词：**我需要知道怎么正确存放我的降压药，你能告诉我一些简单易懂的方法吗？**

DeepSeek:

以下是药物存放的简明指南，帮助你安全有效地保存降压药：

1. 存放在干燥、阴凉的地方

避免潮湿：药物受潮可能会分解或变质，所以不要放在浴室、厨房等潮湿的地方。

避免高温：高温可能会破坏药物成分，一般药物存放温度在15～30℃为宜。

避免阳光直射：阳光中的紫外线可能会使药物降解，所以要放在避光的地方。

2. 密封保存

用完药后，一定要把药瓶或药盒盖紧，防止空气中的水分和杂质进入。

3. 不要放在儿童能拿到的地方

孩子可能会误食药物，所以要放在高处或有锁的柜子里。

4. 注意有效期

定期检查药物的有效期，过期的药物不能服用。

5. 不要随意拆开包装

如果药物是独立包装的（比如铝箔包装），不要提前拆开，这样可以保持药物的稳定性。

6. 不要放在冰箱里

除非说明书上特别指出需要冷藏，否则一般降压药不需要放在冰箱里。冰箱里的湿度较大，可能会使药物受潮。

7. 标记清楚

如果家里有多个人用药，或者药物种类较多，可以在药瓶上用标签写清楚药物名称、用法用量和有效期。

8. 如果药物有异常，不要服用

比如药片变色、有异味或结块，说明药物可能已经变质，不能再服用。

提示词：**我有时候会外出旅行，有哪些降压药携带、存放和按时吃药的小窍门？**

DeepSeek：

外出旅行时，注意降压药的存放和携带，可以从以下方面着手：

1. 携带

使用密封药盒或分装盒，将降压药按天分装，方便携带和服用。

随身携带药品，避免托运时丢失或损坏。

2. 存放

将药品放在阴凉、干燥、避光的地方，避免高温和潮湿。

如果旅行地气候炎热或潮湿，可将药品放入小保鲜袋中，防止受潮。

3. 按时服药

提前将药品按服用时间分装到分药盒中，避免混淆。

设置手机闹钟提醒服药时间，确保按时服用。

如果跨时区旅行，提前规划服药时间，尽量保持与平时一致的服药间隔。

9.6 运动建议：缓解肩颈疼痛的运动方式

肩颈疼痛是现代生活中常见的问题，长时间的伏案工作、使用电子设备或不良姿势都可能导致肩颈部位的疼痛。适当运动不仅能有效缓解肩颈疼痛，还能增强肌肉力量，预防疼痛的再次发生。DeepSeek 将为你介绍一些简单且有效的运动方式，帮助你在日常生活中缓解肩颈压力，改善身体姿态，让肩颈部位更加轻松自在。

提示词：**我最近肩颈疼得厉害，可能是看手机短视频太多了。你能不能教教我，做什么运动能缓解这疼痛？**

DeepSeek：

以下是针对手机使用导致的肩颈疼痛缓解方案，分阶段设计简单易行的动作，兼顾安全性和效果：

1. 急性疼痛期缓解（疼痛明显时做）

毛巾热敷松解法：

微波炉加热湿毛巾至 50℃左右（手摸略烫但能忍受）；

折叠后垫在疼痛的颈后，仰卧 10 分钟；

配合缓慢左右转头（幅度不超过 30°）。

门框拉伸法：

站门框旁，患侧手臂弯曲 90° 贴门框；

身体缓慢前倾，感受肩前侧拉伸；

保持 20 秒 ×3 组（疼痛侧多做）。

2. 日常预防训练（每小时手机使用后做）

下巴写字操：

坐直想象下巴是笔尖；

缓慢写“米”字（横向要超过肩膀宽度）；

每个方向停留 3 秒，重复 3 遍。

肩胛骨激活：

双手背后交叉握拳；

肩胛骨用力向中间夹紧（想象挤碎核桃）；

保持 5 秒放松，重复 10 次。

3. 强化训练（每天早晚各 1 次）

枕头对抗练习：

平躺屈膝，薄枕垫在颈后；

用后脑勺轻轻下压枕头（颈部肌肉发力）；

保持 5 秒 ×10 次。

弹力带开肩：

双手握弹力带（长度 1.2m）举过头顶；

向两侧拉开至 60°；

慢速重复 15 次 ×2 组。

4. 手机使用改良技巧

20-20-20 法则： 每看手机 20 分钟，做 20 秒“招财猫”动作（屈肘 90° 左右旋转）。

支架辅助： 用手机支架调整高度，使屏幕中心与鼻尖齐平。

语音控制： 长文本用语音输入替代低头打字。

注意事项：

（1）避免快速转颈发出“咔咔”声。

（2）疼痛发作期不做大幅度绕肩动作。

（3）睡眠时用颈椎枕保持生理曲度。

（4）建议连续练习 3 天后疼痛未缓解，或出现手麻、头晕等症状，应及时就医检查颈椎。

9.7 体检指南：每年需要做哪些体检项目

每年体检很重要，DeepSeek 能给出你需要做的体检项目。你告诉它你的健康状况和生活习惯，它就能给你一些建议，比如需要做哪些检查。使用 DeepSeek 时，提供你的基本信息，这样它才能给你更准确的建议。它能分析你的健康数据，提醒你注意需要检查的项目，还会告诉你一些体检的注意事项。

提示词：我今年五十多了，想请教一下每年体检应该做哪些项目呢？

DeepSeek：

以下针对你的情况给出的年度体检建议清单，分基础项目和专项检查，帮助你有效监测健康：

一、常规必查项目

1. 心脑血管

血压监测（早晚各 1 次）；

颈动脉超声＋心电图；

血脂四项（重点关注低密度脂蛋白）。

2. 代谢筛查

空腹血糖＋糖化血红蛋白；

肝功能＋肾功能；

骨密度检测（女性重点）。

3. 肿瘤初筛

胸部低剂量 CT（查肺结节）；

胃肠镜（每 3 ～ 5 年）；

便潜血＋肿瘤标志物（CEA、AFP）。

二、性别专项

1. 女性加查

乳腺钼靶＋超声；

HPV+TCT 宫颈检查；

妇科超声（子宫附件）。

2. 男性检查

前列腺特异性抗原（PSA）；

睾丸检查；

幽门螺杆菌检测。

注意事项

（1）抽血前空腹 8 小时。

（2）体检前 3 天避免油腻饮食。

（3）慢性病患者勿擅自停药。

（4）带历年报告方便对比。

建议选择正规医疗机构体检，异常结果及时到专科复查。重点监测血压、血糖、血脂变化，胃肠镜可根据情况选择无痛检查。

9.8 分析体检报告：快速读懂体检报告

体检报告是了解自身健康状况的重要窗口，但其中的专业术语和数据往往让人感到困惑。本节，DeepSeek 将为你提供实用的指导，帮助你快速掌握读懂体检报告的关键点，包括各项指标的意义、正常范围和需要注意的异常情况。无论是初次体检还是定期检查，这些知识都能让你更加从容地管理自己的健康。不过，这些解释都要和医生的建议结合起来，如果发现异常，要立刻咨询医生。

提示词：**我想快速学会看体检报告，但这对我来说有点难。能教教我怎么读懂那些指标吗？**

DeepSeek:

体检报告解读五步法（附指标速查表）

1. 基础指标

血压：

正常值：120/80mmHg（如超 140/90 需复查）；

量前静坐 5 分钟，测量 3 次取平均值。

血糖：

空腹 < 6.1mmol/L（超 7.0 警惕糖尿病）；

餐后 2 小时 < 7.8mmol/L。

2. 血脂关键项

总胆固醇：

< 5.2mmol/L（超 6.2 需干预）；

蛋黄每周不超过 3 个。

甘油三酯：

< 1.7mmol/L（超 2.3 要控制）；

少吃动物内脏。

3. 肝肾功能

转氨酶：

ALT/AST < 40U/L（超 2 倍需排查）；

避免擅自服药。

肌酐：

男性 < 106μmol/L；

女性 < 97μmol/L（超值查肾功能）。

4. 肿瘤标志物

AFP（肝癌）：

< 7ng/mL（超 400 高度警惕）；

结合 B 超检查。

CEA（消化道）：

< 5ng/mL（吸烟者允许稍高）；

持续升高要重视。

5. 报告符号解读

↑↓符号：箭头超参考值 10% 内可能为波动。

*** 号标注：**提示需重点关注项目。

临界值：用黄色标注建议复查。

提示词：**我的体检报告显示"甘油三酯 TG 4.57 ↑ mmol/L"和"葡萄糖 GLU 7.71 ↑ mmol/L"可能代表什么意思，我应该注意哪些方面呢？**

DeepSeek：

你的体检报告显示甘油三酯（TG）和葡萄糖（GLU）水平均高于正常范围，以下是具体的解释和建议：

体检结果说明：

甘油三酯（TG）4.57 ↑：偏高，可能增加心血管疾病风险。

葡萄糖（GLU）7.71 ↑：偏高，可能提示糖尿病或糖尿病前期。

需要注意的方面：

1. 饮食调整

少吃甜食、油炸食品和肥肉。

多吃蔬菜、全谷物和鱼类。

控制饭量，避免暴饮暴食。

2. 多运动

每天散步 30 分钟，或做轻松的运动（如太极拳）。

保持活动，避免久坐。

3. 定期检查

定期测血糖、血脂和血压。

按医生建议服药（如需）。

4. 健康习惯

戒烟限酒。

保持健康体重，适当减重（如需）。

放松心情，避免过度劳累。

5. 就医咨询

尽快看医生，进一步检查。

按医生建议治疗和管理。

通过健康饮食、适量运动和定期检查，可以有效改善指标，降低健康风险。以上建议仅供参考，具体请参照专业医生的评估和治疗方案。

9.9 急救知识：学习心肺复苏的正确操作步骤

在紧急情况下，掌握心肺复苏（CPR）技能可能是挽救生命的关键。无论是在家中、公共场所还是旅行途中，突发心脏骤停的情况可能随时发生。心肺复苏不仅需要勇气去实施，更需要正确的知识和技能来确保有效操作。本节 DeepSeek 将详细介绍心肺复苏的正确操作步骤，帮助你在紧急时刻保持冷静，采取正确的行动，为挽救生命争取宝贵的时间。

提示词：**DeepSeek，我需要学学心肺复苏，这技能关键时候能救命。能告诉我怎么做吗？步骤越简单越好。**

DeepSeek:

心肺复苏简易操作步骤

1. 确认安全

确保环境无漏电、坍塌等危险。

2. 判断意识

轻拍双肩呼喊："你怎么了？"

无反应立即呼救，指定人员拨打 120 并取 AED（Automated External Defibrillator，自动体外除颤器）。

3. 胸外按压

位置：两乳头连线中点。

手法：双手叠扣，掌根着力。

深度：5 ~ 6cm（成人）。

频率：100 ~ 120 次 / 分钟（可默念《生日歌》节奏）。

4. 人工呼吸（可选）

压额抬颏开放气道；

捏鼻包嘴吹气 1 秒，见胸廓隆起；

按压与呼吸比 30 : 2。

5. AED 使用（建议专业人员使用）

开机后听语音提示；

贴电极片（右锁骨下 + 左腋前线）；

所有人离开后按下放电键。

关键要点：

持续按压不中断（换人间隔小于 10 秒）；

按压后让胸廓完全回弹；

非专业人员可只做持续胸外按压；

建议参加红十字会 4 小时实操培训，掌握正确手法。每月复习操作要领，关键时刻保持冷静施救。

9.10 医院挂号：如何在线预约挂号

随着互联网的普及，医院挂号方式也发生了很大变化。在线预约挂号在一定程度上节省了时间，避免了排队的辛苦。但是，很多人对这种新的挂号方式不太熟悉，不会操作。本节 DeepSeek 将作为健康小助手，为你详细介绍如何通过互联网进行医院挂号，包括选择合适的平台、填写个人信息、选择科室和医生等步骤，帮助你轻松掌握在线挂号的技巧，让就医更加便捷。

提示词：**能教我怎么在网上预约医院挂号吗？我不太会用手机操作这些，希望能用简单易懂的方式告诉我，最好分步骤讲解，这样我就能自己操作了。**

DeepSeek:

微信挂号三步法：

第一步：打开挂号入口

微信点右下角“我”；

找到“服务”（绿色十字图标）；
点“医疗健康”→点“挂号”。

第二步：选择医院科室

顶部选所在城市（如北京）；
搜索框输入医院名称；
点“预约挂号”按钮；
选科室（如心血管内科）；
选有“可约”标志的日期。

第三步：完成预约

选时间段（建议选9—10点）；
点“添加就诊人”（提前让子女帮忙录好信息）；
勾选医保支付（自动报销）；
点“立即支付”完成预约。

成功提示：

收到短信通知（含就诊序号）；
微信服务通知里有挂号凭证；
就诊日提前半小时到医院自助机刷身份证取纸质号条。

贴心提示：

（1）不会操作可到医院便民服务中心，工作人员帮你现场预约。
（2）一般来说周三下午号源较多。
（3）专家号需要提前抢，需关注医院官方的安排。
（4）取消预约在“挂号记录”里操作。

建议首次操作时让家属陪同练习，记下步骤后自己尝试。大医院都有志愿者协助，现场可随时询问。

9.11 医生推荐：附近擅长治疗关节炎的医生

如果你正在寻找擅长治疗某方面病痛（比如关节炎）的医生，DeepSeek可以为你提供帮助。你只需提供一些基本信息，比如你所在的地区和病症描述，DeepSeek就能为你推荐附近的医生。它会告诉你哪些医生在关节炎治疗方面经验丰富，并指导你如何预约挂号。善用DeepSeek，能让你更轻松地找到合适的医生，让就医过程更加顺利。

提示词：我在北京，最近膝盖关节疼得厉害，医生说可能是关节炎。我想找个治疗关节炎的好医生，你能教教我怎么找到附近口碑好的专家吗？

DeepSeek:

找关节炎专科医生实用指南

1. 微信快速查询法

打开微信→点“我”→进入“服务”；

选择“医疗健康”→点“找医院”；

搜索框输入“骨科”或“风湿免疫科”；

地图上显示附近医院，选带“三甲”标识的；

查看医生列表，认准“主任医师”职称。

2. 地图导航法

打开高德 / 百度地图；

搜索“骨科医院”或“三甲医院”；

点医院名称查看详情页；

在“科室介绍”找“关节外科”或“风湿科”；

拨打医院总机转人工咨询（早上 9 点打容易接通）。

3. 口碑查询技巧

好大夫在线官网→选“骨科”→筛选“关节疾病”；

查看“患者评价”超过 100 条的医生；

注意“诊疗后随访”服务标识；

北京、上海患者可关注“北京大学人民医院关节科”“上海六院骨科”等。

4. 就诊提醒

提前整理症状记录：疼痛部位图示、用药清单；

带上既往 X 光 /MRI 胶片；

初诊建议周一下午就诊（患者相对较少）；

三甲医院普通门诊也能看常见关节炎。

9.12 家庭沟通：如何与亲人更好地沟通

在家庭生活中，良好的沟通是维系亲情、增进理解的关键。与子女、配偶或孙辈有效沟通不仅能缓解代际隔阂，还能让家庭氛围更加和谐温馨。本节 DeepSeek 会针对你的家庭情况和沟通习惯，为你提供实用的沟通技巧，帮助你更好地表达自己的想法和感受，同时学会倾听他人的意见。无论是日常琐事的交流，还是重要问题的讨论，这些方法都能帮助你与亲人建立更紧密的联系，让你的家庭关系更和谐。

提示词：我和孩子沟通总有些障碍，你能教我一些和他们交流的好方法吗？

DeepSeek:

（深度思考）好的，用户想要改善与孩子的沟通问题。首先，我需要理解他们的需求。他们可能觉得与孩子之间有代沟，或者对话不够顺畅，想要找到有效的方法来增进交流。

接下来，要确保回答符合用户的角度，使用他们熟悉的语言和例子。比如，避免使用网络流行语，而是用更传统的表达方式。同时，步骤要简单明了，便于理解和应用。

用户之前的问题是关于医疗相关的，现在转向家庭沟通，可能需要更贴近日常生活的建议。要考虑到用户可能更重视家庭和谐，以及他们与成年子女之间的互动。

需要列举具体的方法，比如倾听、使用开放式问题、尊重隐私等，这些都是常见的沟通技巧，但要结合他们的实际情况。例如，建议在家庭聚餐时交流，或者通过共同活动来增进感情。

还要注意避免说教式的语气，保持亲切感。例如，用“试试这样说”来举例，而不是直接给出指令。同时，强调耐心和理解的重要性，让用户感受到被支持。

最后，确保回答结构清晰，分点列出，方便用户记忆和实践。每个方法后面加上例子或具体行动，帮助他们更好地应用。例如，如何表达关心，如何避免比较，这些都需要具体的例子来说明。

总结一下，回答需要包含具体的沟通技巧，结合实际场景，用简单易懂的语言，避免专业术语，保持亲切和鼓励的态度，帮助用户改善与孩子的交流。

三代沟通黄金法则（附实用话术）

1. 倾听优先法

放下手机，眼神注视孩子眉心位置；

"嗯，后来呢？"代替打断。

重点复述："你刚才说……是这样吗？"

2. 提问技巧

开放式问法：

"今天有什么新鲜事？"

"这事你怎么考虑的？"

避免质问："为什么又……"改为"遇到什么困难了？"

3. 表达关心

每周家庭聚餐时分享：

"最近工作上有没有需要帮忙的？"

"看你最近常熬夜，要注意……"

用"我"开头表达：

"我有点担心你……"

"要是需要建议，我随时在。"

4. 化解冲突

意见不同时先认同：

"你说得有道理，不过……"

"我们那个年代确实不同，现在……"

适时转移：

"这事咱们先放放，尝尝我刚炖的汤。"

5. 建立连接

学习使用子女的聊天方式：

微信发个表情包；

家庭群分享老照片。

共同参与活动：

"周末陪我去公园走走？"

"教我用用这个新 App 吧！"

关键提醒：

子女说"知道了"时暂停说教；

不过度追问隐私（婚恋 / 收入）。

避免比较："人家小王都……"

重要事项书面沟通更清晰。

9.13 睡眠改善：如何改善睡眠质量

随着年龄的增长，人们会发现睡眠质量不如从前，进而影响到生活质量。良好的睡眠对于保持身心健康、增强免疫力和提升生活幸福感至关重要。本节将为你介绍一些简单而有效的方法，帮助你改善睡眠质量，包括睡前习惯的调整、睡眠环境的优化以及放松技巧的运用。借助 DeepSeek 给出的这些建议，你或许可以逐步找回高质量的睡眠，让身体和心灵在夜晚得到充分的休息与恢复。

提示词：**最近我晚上总是睡不好，躺在床上翻来覆去，睡着了也容易醒。有没有什么简单有效的方法能帮我改善睡眠质量呢？**

DeepSeek:

睡眠改善六步法（附具体操作）

1. 作息调节

固定 21:30—22:30 上床，6:30—7:30 起床（即使失眠也按时起）；

午睡控制在 13:00—14:00，不超过 30 分钟。

2. 饮食调整

晚餐 18:30 前完成，七分饱；

睡前 1 小时喝 200mL 温牛奶 + 半勺蜂蜜；

14:00 后不饮茶 / 咖啡。

3. 环境优化

使用遮光窗帘保持全黑；

床头放薰衣草香包；

保持室温 18~22℃（冬季用加湿器）。

4. 睡前准备

20:00 后改用暖黄灯光；

21:00 泡脚 15 分钟（水温 40℃）；

听 30 分钟评书 / 轻音乐（音量调至隐约可闻）。

5. 助眠运动

17:00 前完成 30 分钟快走。

睡前做“4-7-8 呼吸法”：

闭眼用鼻吸气 4 秒，屏息 7 秒，再用嘴呼气 8 秒，重复 5 次。

6. 应急措施

夜间醒后不看钟表；

静坐床边深呼吸，开暖色夜灯读纸质书。

准备安神代茶饮：酸枣仁 10g+ 茯苓 5g 煮水。

注意事项：

避免睡前讨论重要事务；

减少床上看电视；

连续 3 天失眠需就医查维生素 D 水平；

慎用安眠药（可能加重起夜）；

建议记录睡眠日记（记录入睡时间、夜醒次数），两周后观察改善情况。

读书笔记

第 10 章　安 全 助 手

将 DeepSeek 作为你的安全助手，可以在日常生活中提供全面的安全支持，并能有效提高安全管理的效率和科学性，尤其对于缺乏安全知识或时间紧迫的人群来说，DeepSeek 就像一位全天候在线的私人安全顾问，持续保障你的安全。DeepSeek 的核心价值体现在多个方面，比如网络诈骗识别、电话防骗、紧急求助、网络隐私安全、银行卡安全、交通安全、紧急情况预警等。

在使用 DeepSeek 作为你的安全助手时，需要注意以下几点：首先，确保你的个人信息和隐私安全，防止敏感数据泄露；其次，DeepSeek 提供的安全建议应与专业安全指导相结合，不应完全依赖于人工智能的判断；最后，要合理看待安全评分，避免因数据波动而产生不必要的恐慌。此外，安全建议需要根据你的实际情况进行动态调整，避免生搬硬套标准化方案。

10.1　网络诈骗识别：识别常见网络骗局

识别网络骗局对你很重要，特别是在网络交易频繁的今天。DeepSeek 这个工具能帮助你识别常见的网络诈骗。它会根据已知的诈骗模式和你遇到的情况，给你一些建议，比如如何识别可疑链接和网站，如何保护个人信息。使用 DeepSeek 时，你告知它你遇到的可疑情况，这样它会给你提供更适合的建议。它能分析你提供的信息，提醒你注意可能的诈骗迹象。它还会推荐一些预防措施和应对策略。不过，这些建议都要和官方的安全指南结合起来，如果遇到诈骗，要马上报警。用好 DeepSeek，可以更好地预防网络诈骗。

提示词：**我想学习怎么识别网络骗局，能教教我吗?**

DeepSeek:

（深度思考）好的，用户想要学习如何识别网络骗局。首先，我需要考虑他们的使用习惯和理解能力，可能对技术术语不太熟悉，所以要用简单明了的语言，避免专业术语。用户之前的问题涉及健康、家庭沟通和睡眠，都是实用性的内容，这次同样需要具体、可操作的步骤。

用户的需求是识别网络骗局，可能他们之前遇到过类似问题，或者担心被骗。需要覆盖常见的诈骗类型，比如电话、短信、链接等，并提供具体的例子和应对方法。同时，考虑到用户可能更信任权威机构，可以提到如何通过官方渠道核实信息。

要分步骤说明，每个步骤有具体的操作建议，比如如何验证来电真伪，如何检查链接安全性，以及遇到诈骗后的应急措施。还要提醒他们保护个人信息，比如不随便透露身份证号、银行卡信息等。

需要注意回答要条理清晰，使用编号和项目符号，方便阅读。同时，避免使用复杂的例子，用他们熟悉的场景，比如微信消息、银行来电等。最后，强调遇到问题及时联系家人或报警，给予安全感。

防网络诈骗六要诀

1. 电话识别法

接听“公检法”来电时：

- **真：**用固定电话拨打，可回拨核实。
- **假：**要求“安全账户转账”（真机关从不远程办案）。

2. 短信验证

收到“银行”短信：

- **真：**短信号码为955××。
- **假：**含陌生链接（如 http://××××.cc）。

3. 链接检查

微信收到“红包”链接：

- **真：**显示“微信红包”官方标识。
- **假：**要求输入支付密码。

4. 转账防护

子女“急用钱”消息：

- **真：**视频通话确认。
- **假：**新注册账号发送。

5. 信息保护

快递理赔：

- **真：**原购物平台处理。
- **假：**要求下载会议软件共享屏幕。

6. 应急处理

已转账补救：

· 立即拨打 110。

· 银行挂失冻结（黄金 30 分钟）。

· 保留聊天记录截图。

重点提醒：

验证码是最后防线（绝不透露）！

智能手机安装“国家反诈中心”App！

大额转账前联系社区民警咨询！

建议每周三观看央视《法治在线》防诈专题，银行账户建议开通“转账延时到账”功能。遇到可疑情况，可用微信“腾讯 110”小程序快速举报。

10.2 电话防骗：诈骗电话识别与处理

识别诈骗电话对你很重要，尤其是现在电话诈骗手段多样。DeepSeek 这个工具能帮助你识别诈骗电话。它会根据诈骗电话的特征和你接到的电话内容，给你一些建议，比如怎么识别可疑号码，怎么应对诈骗电话。DeepSeek 可以分析电话内容，提醒你注意可能的诈骗行为。它还会推荐一些应对诈骗电话的方法。不过，这些建议都要和警方的防骗指南结合起来，如果接到诈骗电话，要马上报警。用好 DeepSeek，可以更好地预防电话诈骗。

提示词：**DeepSeek，我需要一些建议来识别和处理诈骗电话，这对我来说有点难，你能帮帮我吗？**

DeepSeek:

（深度思考）好的，用户需要帮助识别和处理诈骗电话。首先，我需要考虑他们可能不太熟悉现代技术，所以建议要简单实用。

用户之前问过识别网络骗局，这次是电话诈骗，需要避免重复，但保持类似的格式。要分步骤，清晰明了，避免专业术语。

首先，诈骗电话的常见特征是什么？如冒充公检法、银行、快递等。要告诉用户如何识别这些情况，如真机关不会电话办案，银行不会索要验证码。

然后，处理步骤要具体，如挂断电话后怎么做，如何举报，如何保护个人信息。可能需要提到国家反诈中心 App，但之前已经提过，所以这里可以再次强调。

还要考虑用户可能不知道如何操作手机功能，如设置骚扰拦截，可以建议他们让家人帮忙设置。另外，紧急情况下的联系人，如存子女电话为紧急号码，这样遇到问题可以快速联系。

注意不要使用复杂的技术术语，用日常语言。如“验证码”要解释清楚重要性,强调绝不透露。可能还需要提醒他们不要按照电话指示操作，而是挂断后自己拨官方电话核实。

最后，总结关键点，如不转账、不透露信息、立即报警。这些要放在注意事项里，方便用户记住。

需要检查之前的回答是否已经覆盖了类似内容，避免重复。之前的回答提到了电话识别法和短信验证，这里可以更详细地展开，给出具体的例子和步骤，如冒充快递理赔的情况如何处理。

确保每个步骤都有实际操作的例子，如如何回拨核实，如何设置拦截，如何保存报警电话。同时，要提醒用户保持冷静，不要慌张，诈骗分子常利用恐惧心理。

可能还需要提到常见的诈骗话术，如“账户异常”“涉嫌犯罪”等，让用户知道这些都是诈骗的常见借口。此外，建议用户定期和家人沟通，特别是涉及金钱交易时，一定要通过多个渠道确认。

最后，确保回答结构清晰，分点列出，使用标题和子标题，方便阅读。保持口语化，但不过于随意，符合用户的阅读习惯。

防诈骗电话应对指南

1. 识别特征

开场白识别：

· “你涉嫌洗钱”（警方不会电话办案）。

· “快递丢失双倍理赔”（需登录购物平台处理）。

异常要求：

· 要求“屏幕共享”。

· 教导关闭手机来电提醒。

2. 应对步骤

接听时：

· 不透露姓名 / 身份证号。

· 说“我让孩子联系你”后挂断。

挂断后：

· 回拨官方电话核实（如银行客服）。

- 用微信“腾讯 110”上传录音。

3. 防护设置

手机操作：

- 开通“骚扰拦截”功能。
- 设置 20:00 后静音模式。

信息管理：

- 快递单涂抹个人信息。
- 银行账户设每日转账限额。

4. 应急方案

遭遇威胁：

- 立即拨打 110（不用挂断诈骗电话）。
- 联系子女到就近派出所报案。

资金保护：

- **快速冻结账户口诀：**“挂失—改密码—打银行客服”。

关键提醒：

所有“安全账户”都是诈骗！

拒绝“验证码”索取（银行从不索要）！

存子女电话为紧急联系人！

定期删除手机垃圾短信！

建议在座机旁张贴警方防骗提示单，智能手机用户可每周更新骚扰号码库。接到可疑电话时，可用方言回应测试对方真实性。

10.3 紧急求助：如何使用手机紧急呼叫功能

在紧急情况下，使用手机紧急呼叫功能对你非常重要。DeepSeek 能指导你如何正确使用这个功能。它会告诉你如何快速拨打紧急电话，以及在紧急情况下应该提供哪些信息。不过，这些建议都要和当地的紧急服务指南结合起来。用好 DeepSeek，可以在紧急情况下获得及时帮助。

提示词：**DeepSeek，我不太会用智能手机，能教教我怎么用它打紧急电话吗？这对我来说挺重要的。**

DeepSeek:

智能手机紧急呼叫三步法

1. 锁屏状态拨打

点亮屏幕后上滑（安卓）；

点击红色“紧急呼叫”按钮（带电话图标）；

输入 110/120/119 后按绿色通话键。

2. 快捷操作设置

连续按电源键 5 次（自动拨打预设号码）。

设置步骤：

· 打开“安全设置”—“SOS 紧急联络”；

· 添加子女 / 社区民警为紧急联系人。

3. 语音拨号法

长按主页键唤醒语音助手。

清晰说出：“拨打急救电话”；

选择需要联系的紧急号码。

重要提示：

每月 1 日检查紧急呼叫功能！

保持手机电量＞ 20%！

随身携带写有紧急联系人的卡片！

通话时先报所在小区名称！

10.4 网络隐私安全：如何防止个人信息泄露

防止个人信息泄露对你很重要，尤其是在网络发达的今天。DeepSeek 能帮助你保护网络隐私。它会根据你的网络使用习惯，给你一些建议，比如如何设置强密码，如何避免在不安全的网站上输入个人信息。它还会推荐一些加强网络安全的方法。不过，这些建议都要和网络安全专家的意见结合起来，如果发现个人信息泄露，要马上采取措施。用好 DeepSeek，可以更好地保护你的网络隐私。

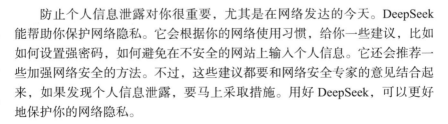

提示词：**生活中总听到因为个人信息泄露，而产生各种麻烦，很让人头疼。我需要一些防止个人信息泄露的建议，简单易懂的。**

DeepSeek:

个人信息保护五要点（附实用技巧）

1. 证件管理

复印件标注“仅限 ×× 用途”（如 2024.8.20 医保使用）；

旧病历本撕毁个人信息页再丢弃。

2. 电话防护

接听陌生来电：

· **自称银行：**回拨官方客服核实。

· **中奖通知：**直接挂断。

快递来电：

· 要求放门口时说“放物业编号柜”。

3. 网络操作

微信设置：

· 关闭“允许陌生人查看十张照片”；

· 朋友圈不晒车票 / 身份证照片。

密码管理：

· 用“姓氏拼音 + 符号 + 门牌号”组合（如 Wang*502）

4. 日常防范

公共场所：

· 输入密码时用手遮挡；

· 免费体检只留座机号码。

文件处理：

· 快递单用修正带覆盖再撕碎；

· 旧手机恢复出厂设置三次再丢弃。

5. 应急处理

发现泄露：

· 立即冻结银行卡；

· 拨打 12381 反诈专线。

定期检查：

· 每月登录支付宝“安全中心”；

· 每季度让子女帮忙查征信报告。

建议在常用证件复印件按指纹防止篡改，银行账户建议开通交易短信提醒。重要文件建议存放在带锁的铁质文件盒中，手机通讯录避免使用“女儿”“儿子”等亲属称谓存储联系人。

10.5 银行卡安全：如何保护银行卡信息

保护银行卡信息对你非常重要，尤其是在频繁使用电子支付的今天。随着网络交易越来越频繁，银行卡信息的安全风险日益增加。一旦信息泄露，可能会导致财产损失和个人隐私泄露，给生活带来极大困扰。因此，掌握正确的银行卡安全知识，采取有效的防护措施，对于保护个人财产安全至关重要。本节 DeepSeek 将为你提供实用的建议和技巧，帮助你在日常使用中确保银行卡信息的安全，避免不必要的风险。

提示词：**我需要一些建议来保护我的银行卡信息安全，能告诉我怎么做吗？**

DeepSeek:

银行卡安全防护六步法（附操作示范）

1. 实体卡管理

存放规则：

· 不与身份证同包存放；

· 卡面 CVV 码贴防窥膜。

ATM 操作：

· 输密时手掌全遮挡；

· 取款凭条撕碎处理。

2. 密码设置

组合策略：

· 姓名首字母 + 门牌号 +!（如 WXG502!）；

· 避开生日 / 电话号段。

更新周期：

· 每半年修改一次；

· 新旧密码不关联。

3. 支付防护

手机银行：

· 关闭小额免密支付；

· 设置单笔 500 元限额。

网络交易：
· 不保存卡信息；
· 专用银行卡网购。
4. 防诈技巧
来电应对：
· 自称银行要验证码即挂断；
· 转账要求找子女确认。
短信识别：
· 不点击积分兑换链接；
· 中奖信息直接删除。
5. 账户监控
定期检查：
· 每周查 App 交易记录；
· 开通 1 元交易提醒。
异常处理：
· 立即挂失（拨打 955××）；
· 保留 ATM 凭条举证。
6. 证件管理
信息保护：
· 不透露卡有效期；
· 快递单覆盖卡号末四位。
旧卡处置：
· 剪断磁条和芯片；
· 致电银行确认注销。

建议将银行客服电话存入手机通讯录，设置每月 15 日检查账户提醒。开通短信动账提醒服务，旧银行卡建议用剪刀破坏芯片后分次丢弃。大额存款建议分存不同银行，手机银行 App 开启指纹验证功能。

10.6 交通安全：日常生活出行注意事项

日常出行是生活的重要组成部分，而交通安全更应当重点关注。无论是步行、骑车还是乘坐公共交通，了解并遵守交通规则，保持警惕，是每个人在出行时必须做到的。随着生活节奏的加快，交通环境日益复杂，掌握一些实用的交通安全知识，能够帮助你更好地应对各种情况，还能有效预防交通事故的发生。本节 DeepSeek 将为你提供一些出行时的注意事项，帮助你在日常生活中更加安全地出行。

提示词：我平时出门主要靠步行和乘坐公交，但最近发现路上车越来越多，感觉出行有点不安全。你能给我讲讲日常出行时有哪些需要注意的交通安全事项吗？

DeepSeek：

你提到的交通安全问题确实非常重要，以下是一些日常出行时需要注意的交通安全事项，希望对你有所帮助：

1. 步行时

遵守交通信号：过马路时一定要走人行横道，并遵守红绿灯指示。即使没有车辆，也不要闯红灯。

注意观察：过马路前，先左右观察，确保没有车辆靠近。即使是在绿灯时，也要留意是否有转弯车辆。

避免分心：走路时尽量不要使用手机或听音乐，保持注意力集中。

穿着醒目：尤其是在夜间或能见度较低的情况下，穿着颜色鲜艳或有反光条的衣服，以便司机更容易看到你。

走人行道：尽量走人行道，如果没有人行道，靠路边行走，并面向来车方向，以便及时避让。

2. 乘坐公交时

提前准备：在公交车进站时，提前准备好公交卡或零钱，避免在车上翻找物品时失去平衡。

站稳扶好：上车后尽量抓住扶手或座椅靠背，避免在车辆启动、刹车或转弯时摔倒。

下车时注意：下车时不要急于冲下车，先观察周围是否有自行车或电动车经过，确保安全后再下车。

3. 其他注意事项

保持警惕：无论是在步行还是等车时，都要时刻保持警惕，注意周围的交通状况。

避免高峰时段：如果可能，尽量避开交通高峰时段出行，减少与车辆接触的机会。

使用辅助工具： 如果视力或听力不太好，可以考虑使用拐杖或助听器，确保能够更好地感知周围环境。

保持健康： 定期检查视力和听力，确保身体状况良好，能够及时应对突发情况。

4. 夜间出行

携带照明工具： 夜间出行时，可以携带手电筒或使用手机照明，确保自己能够看清路况，同时也能让司机更容易看到你。

选择明亮路线： 尽量选择有路灯、人流量较大的路线，避免走偏僻或光线不足的小路。

5. 心理准备

保持耐心： 遇到交通拥堵或等待时间较长时，保持耐心，不要急于抢行。

冷静应对： 如果遇到突发情况，保持冷静，迅速判断并采取适当的应对措施。

10.7 火灾应对：家庭火灾逃生技巧

在面对火灾时，正确的逃生技巧和冷静的应对措施往往是保障生命安全的关键。如果发生火灾，要立即拨打火警电话。了解火灾发生时的逃生要点，掌握必要的自救方法，不仅能帮助你在危急时刻迅速脱险，还能最大限度地减少伤害。本节 DeepSeek 将为你详细介绍家庭火灾逃生的基本技巧，包括如何快速判断火情、选择最佳逃生路线、在逃生过程中需要注意的事项，帮助你在面对火灾时保持镇定，确保自己和家人的安全。

提示词：**我家住 20 楼，如果发生火灾，我该如何逃生？**

DeepSeek:

家庭火灾逃生实务指南（附自查清单）

1. 预防准备

安全设施：

· 厨房装燃气报警器（每月 1 日测试）；

· 床边备防烟面罩（有效期 3 年更换）。

隐患排查：

· 手机充电后立即拔插头；

· 每月清理油烟机储油盒。

2. 应急响应

初期处置：

· 油锅起火盖锅盖（勿用水泼）；

· 电器冒烟先断电再灭火。

逃生判断：

· 摸门把温度（烫手不开门）；

· 窗外无浓烟再开窗呼救。

3. 逃生行动

疏散路线：

· 客厅→大门（常备防盗门钥匙）；

· 卧室→阳台（三层以下备逃生绳）。

防护措施：

· 湿毛巾叠八层捂口鼻；

· 弯腰沿墙走（视线低于 1m）。

4. 逃生后处理

安全操作：

· 关闭经过的防火门；

· 拨打 119 说明小区楼栋号。

禁忌事项：

· 不返回取财物；

· 不乘坐电梯。

5. 定期演练

季度演习：

· 全家模拟夜间逃生；

· 测试 2 条逃生路线。

物资维护：

· 灭火器压力表指针在绿色区；

· 逃生梯每半年进行测试。建议在床头放置强光手电筒（带声光报警功能），厨房门后张贴灭火毯使用图示。逃生时可用金属哨子代替呼喊，家中每个房间配置两用安全锤（带割绳刀功能）。

读书笔记

读书笔记